걸어서
세계속으로

걸세 PD의 일본 여행 베스트 12

걸어서 세계속으로

걸세 PD의 일본 여행 베스트 12

초판 1쇄 2019년 3월 15일
　　2쇄 2022년 11월 11일

지은이 KBS 〈걸어서 세계속으로〉 제작팀

발행인 주은선
펴낸곳 봄빛서원
주　소 서울시 강남구 강남대로 364, 12층 1210호
전　화 (02)556-6767
팩　스 (02)6455-6768
이메일 jes@bomvit.com
홈페이지 www.bomvit.com
페이스북 www.facebook.com/bomvitbooks
인스타그램 www.instagram.com/bomvitbooks
등　록 제2016-000192호

ISBN 979-11-89325-04-6　03980

이 도서의 국립중앙도서관 출판예정도서목록(CIP)은 서지정보유통지원시스템 홈페이지(http://seoji.nl.go.kr)와
국가자료공동목록시스템(http://www.nl.go.kr/kolisnet)에서 이용하실 수 있습니다.(CIP제어번호: CIP2019006134)

걸어서 세계속으로

걸세 PD의 일본 여행 베스트 12

KBS 〈걸어서 세계속으로〉 제작팀 지음

봄빛서원

작은 휴식처
〈걸어서 세계속으로〉

KBS 〈걸어서 세계속으로〉가 책으로 나왔습니다. 2005년 11월 5일 영국 맨체스터를 시작으로 〈걸어서 세계속으로〉(이제는 '걸세'라는 애칭으로 더 많이 불림) 제작진은 150여 나라, 1,400여 도시를 여행했습니다.

걸세가 처음 방송될 때만 해도 시청자들의 식지 않는 사랑을 받을 것이라고 생각한 사람은 많지 않았습니다. 시청자들의 눈높이는 점점 높아져만 가는데, PD 혼자 작은 카메라를 들고 촬영한 소박한 영상이 얼마나 눈길을 끌 수 있을지 장담하기 어려웠습니다. 하지만 회를 거듭할수록 〈걸세〉에 대한 관심이 점점 더 커져간 이유는 여행 프로그램의 홍수 속에서도 묵묵히 PD 자신이 여행자의 관점으로 여행을 했기 때문인 것 같습니다.

덕분에 570회에는 〈걸어서 평양속으로〉로 북한을 걸어보는 새로운 실험도 할 수 있었습니다. 소소하지만 소중한 여행의 경험을 담백하게 기록해나가는 애초의 기획의도가 잘 전달된 결과라고 생각합니다.

『걸어서 세계속으로 일본 편』역시 이러한 기획의도의 연장으로 출

간했습니다.〈걸세〉PD들이 세계를 다니며 방송에 다 담지 못한 경험과 정보를 여행을 사랑하는 독자들에게 전하고 싶었기 때문입니다.

150여 개국 여행지 중 '걸세 PD의 일본 여행 베스트 12'를 추천하게 되었습니다. 책에 소개된 곳을 이미 다녀온 분에게는 즐거운 추억을 회상하는 시간이 될 것입니다. 또 여행 계획을 세우고 있는 분이라면 떠나기 전 설렘을 느끼길 바랍니다. 당장 떠나지 못하는 분이라도 책을 통해 일본 곳곳을 여행하는 기분을 만끽했으면 좋겠습니다.

이 책은 빡빡한 가이드북이 아니기 때문에 공부해야 한다는 부담을 전혀 가질 필요가 없습니다. 언제 어디서든 편하게 읽으면서 함께 소통할 수 있는 책입니다. 오늘도 바쁜 일상, 분주한 삶의 현장에서 『걸어서 세계속으로 일본 편』이 작은 휴식처가 되기를 바랍니다.

KBS 〈걸어서 세계속으로〉 제작팀 일동

차

례

PART 1

자연으로
떠 나 는
감성여행

휴 식 과 관 광 과 축 제 를 하 나 로

일본 열도의 최남단 가고시마
푸르른 바다에 따뜻한 남풍이 부는
아름다운 땅끝마을 가고시마로 간다.

아오모리에서
푸른 추억을 만들다

— 홍은희

아름다운 논아트와
네부타 축제

혼슈 최북단에 위치한 아오모리. 첫 느낌은 우리네 여느 시골 풍경처
럼 한적하다. 조용한 정적을 깨고 방문객을 제일 먼저 반기는 건 동네
아이들이다. 아이들의 순박한 웃음이 참 해맑다.

　아오모리현 이나카다테 마을의 '논아트'는 마을에 있는 여러 색깔
의 벼를 사용해 논에 커다란 그림을 그리는 것을 말한다. 논을 캔버
스 삼고 갖가지 색의 벼가 물감이 되는 논아트는 보라색과 노란색의
고대미라고 하는 옛날 쌀과 초록색 벼를 논에 심어 만들어진다. 논에
심겨진 벼를 자세히 보니 벼의 색깔이 초록이 아닌 검은 색이다. 논에
뭔가 해볼 수 없을까 생각하다가 색이 다른 벼를 이용해 논에 그림
그리기를 시작한 것이다.

논아트는 여러 색깔의 벼를 논에 심어 다양한 그림을 표현한 아나카다테 마을의 상징이다.

1993년에 시작된 논아트는 품종 개량을 통해 더 선명한 색의 벼를 생산하면서 점차 표현과 색감이 풍부해졌다. 그 후 마을에 많은 관광객들이 찾아와 지역 활성화에 큰 도움이 됐다. 매년 다양한 장르와 테마로 마을 주민이 함께 제작하는 논아트는 자연 그대로의 예술작품이다. 도쿄에서 온 한 관광객은 이나카다테 마을의 아름다운 논밭을 보고 깜짝 놀랐다며 논아트의 작품을 만들어내기까지 들인 시간과 정성을 알기에 감탄하지 않을 수 없다고 했다.

아오모리는 삼면이 바다인 항구도시다. 한때 홋카이도와 혼슈의 연락지 역할을 해 교통의 거점으로 발전했다. 지금은 잔잔한 바다의 항구가 한가롭기만 하다.

갑자기 조용한 거리에 정적을 깨는 음악 소리가 났다. 아이에서 어른까지 마을 공터에 모여 아오모리를 대표하는 네부타 축제의 반주 연습을 하고 있었다. 네부타 축제의 반주는 피리, 꽹과리, 북 이렇게 세 가지 악기로 이루어진다. 징을 치는 모습에서 내공이 느껴지고 북소리는 우렁차다. 피리와 꽹과리, 북이 어우러진 음색에서 네부타 반주의 강한 힘이 전해졌다.

네부타 축제를 얼마 앞두고 마을 사람들이 저녁이면 매일 이렇게 모여 반주를 연습한다고 한다. 누구랄 것 없이 남녀노소 모두가 나와서 함께하는 모습이 무척 인상적이다. 일을 마치고 와서 피곤할 법도 한데 사람들에게서 지친 기색을 찾아볼 수가 없다. 가족 모두가 나와 즐겁게 연습하는 모습도 보인다. 네부타 축제로 인생의 소중한 인연을 맺은 사람들이 아름답다.

일본 최대 사과 생산지 아오모리

'푸른 숲'이라는 뜻의 아오모리는 자연의 축복을 받은 듯하다. 청명한 공기가 아오모리의 아침을 더욱 상쾌하게 한다. 거리 우체통에 빨간 사과마저 탐스럽게 느껴진다. 자연의 푸르름을 만끽하며 도로를 달리다 보니 바로 길옆에 제법 큰 사과 농장이 눈에 들어온다. 아오모리는 일본 제일의 사과 생산지로 유명하다. 과거 일본에 사과가 들어와서

1   아오모리는 삼면이 바다인 항구도시다.

2. 3 아오모리를 대표하는 네부타 축제 반주
     연습이 한창인 마을 사람들.

아오모리는 일본 제일의 사과 생산지로, 열매를 솎아내는 농부의 손길이 바쁘다.

정착한 곳이 아오모리현이었다. 이곳 기후가 사과 농사를 하기에 안성맞춤이라 일본에서도 아오모리 사과가 제일 맛있다고 한다.

90여 년간 노부부가 함께 운영하고 있는 오랜 사과농장을 가봤다. 사람들이 한창 열매 솎아내기 작업 중이었다. 가지에 열린 많은 사과 열매들 중에 가지마다 하나만 남기고 모두 따서 버렸다. 큰 사과가 열리도록 양분을 하나에 집중시키는 것이다. 잠시 휴식시간에 간식으로 체력을 보충한다. 그냥 사과가 아닌 설탕에 졸인 사과를 간식으로 대접 받았다. 주인 아주머니가 직접 만든 사과조림은 생각보다 더 달콤하고 아삭아삭했다.

예술인들이 찾는 오이라세 계류

사과농장에서 달콤한 휴식을 뒤로하고 길을 나섰다. 조카쿠라 대교를 건너 도와타하치만타이 국립공원에 들어섰다. 길을 가는 내내 아오모리의 초록 숲이 지친 몸과 마음을 위로해준다. 녹음이 짙은 도와타하치만타이 국립공원이 또다시 나의 발길을 멈추게 했다. 시원한 조시오타키 폭포 소리가 마음을 정화시켜주는 듯하다. 오가는 사람들도 숲이 얘기하는 자연의 소리를 조용히 듣기만 할 뿐, 쓰러진 나무도 시간이 멈춘 듯 있는 그대로다. 도와타하치만타이 국립공원에서는 숲을 인위적으로 손대거나 훼손하지 않는다. 이곳에 골짜기를 낮게 흐르는 계곡물의 풍광이 아름다워 많은 예술인들이 찾는 오이라세 계류(시냇물)가 있다.

캔버스에 돌의 이끼까지 세심하게 담고 있는 화가를 만났다. 화가는 오이라세의 매력은 이끼와 풀이 많고 곧은 나무가 없는 것이라고 했다. 오이라세 계류의 물줄기를 따라 숲속 깊이 들어가봤다. 원시림이 떠오를 만큼 울창한 숲을 가로질러 티 없이 맑은 자연을 벗 삼고 그 속에서 호흡을 하니 금세 건강해지는 느낌이었다.

사람들이 멈춰서 뭔가를 열심히 보고 있길래 가보니 나무와 숲길 사이에 생겨난 오랜 시간의 흔적, 바로 이끼였다. 심지어 사진까지 찍으며 감탄하는데 작은 돋보기로 보는 이끼의 모습이 어떤지 궁금해졌다. 무심코 지나쳤던 작은 이끼가 이렇게 아름다운 생명이 된다는 게

1   계곡 물의 풍광이 아름다워 많은 관광객들이 찾는 오이라세 계류.

2   오이라세의 매력을 캔버스에 담고 있는 화가.

3   숲길 사이에 돋아난 이끼를 관찰하는 사람들.

4   돋보기로 들여다본 작은 생명의 세계.

새삼스럽게 느껴졌다. 평소에는 아무 생각 없이 지나다니는 길인데 이끼를 잘 살펴보니 생명 세계의 아름다움과 자연 속 예술을 봐서 좋다는 행인의 말에 귀가 솔깃하다. 이끼를 보고 있으니 자세히 봐야 예쁘고 오래봐야 사랑스럽다는 말이 떠오른다.

등불 축제를 체험하는 와랏세 전시관

다시 시내로 돌아와 아오모리의 등불 축제를 체험할 수 있는 네부타의 집, 와랏세 전시관을 찾았다. 네부타 축제는 18세기 초부터 시작된 것으로 추정된다. 이곳에는 농번기 때 농사에 방해가 되는 잠 귀신을 쫓고 무병장수와 복을 기원하기 위해 만들어진 대형 등불, 네부타가 전시되어 있다. 축제 때는 행렬 속에서 스쳐 지나가기 때문에 자세히 볼 수 없었던 네부타를 가까이에서 여유 있게 볼 수 있다.

정교하게 만들어진 네부타를 보니 장인 정신까지 느껴진다. 색이 선명하고 마지막까지 정성스럽게 만든 손길에 감동이 밀려왔다. 매년 옛 이야기를 소재로 만들어지는 네부타 축제에서 심사를 맡은 매니저의 말에 따르면 중점적인 심사기준은 3가지다. 우선 네부타 자체를 심사하고, 북과 꽹과리, 피리로 이루어진 3가지 악기 반주, 마지막으로 행진과 무용수의 모습까지 전체적으로 심사하여 우승 팀을 결정한다고 한다.

무병장수와 복을 기원하는 대형 등불 네부타를 만드는 모습.

 네부타를 만드는 데는 밑그림 구상 작업부터 시작해서 1년 정도 걸린다고 한다. 대형 수레를 제작하는 만큼 많은 전문가와 자원봉사자들이 함께한다. 먼저 나무와 철사로 뼈대를 만들고 한 장 한 장 정성스럽게 화지를 붙인 다음 그 위에 그림과 색을 입히면 하나의 네부타가 완성된다.

 네부타의 집, 와랏세를 나와 포장마차 마을을 찾았다. 작은 포장마차가 늘어서 있는 골목시장에 어둠이 내리니 왠지 소박한 정취가 더 진하게 느껴진다. 미로코 요코초는 8개 미식골목 중 하나로 대부분의 가게가 손님으로 북적거린다.

 이곳 가게들은 모두 8명의 손님이 주인을 둘러싸는 형태로 이루어

누구라도 친구가 되어 함께 어우릴 수 있는 골목 포장마차.

져 있다. 주인과 손님이 함께 대화하는 마음에서 생긴 작은 포장마차
로 동그랗게 둘러앉은 모습이 정겹다. 한 공간에 함께 있다는 것만으
로도 모두 친구가 되는 곳이다. 그날 처음 본 사이라도 어색함 없이
함께 어울려 다양한 대화를 나누며 재미있는 시간을 보낼 수 있다. 넓
고 화려하진 않아도 사람들로 가득 찬 우리네 포장마차와 닮았다. 이
골목을 찾는 사람들의 마음은 누구보다 따뜻할 것 같다.

　일을 마친 후 사람들과 어울려 하루를 마무리 하는 모습이 행복
해보였다. 그 정겨움 속에 내일에 대한 꿈과 희망도 함께 자라고 있을
것이다. 여행자로서 현지인들의 소소한 삶의 모습을 볼 수 있어서 뜻
깊은 시간이었다.

8월에 열리는 일본 3대 축제

아오모리의 밤 거리는 화려한 불빛과 사람들로 가득하다. 매년 8월 2일부터 7일까지 아오모리에서 개최되는 일본의 대표적 등불 축제, 아오모리 네부타 마츠리 때문이다. 높이 5미터가 넘는 스무 대 남짓의 거대한 등불 수레가 마을을 가로질러 행진하는 네부타 축제는 일본에서 유명한 3대 축제 중 하나다.

네부타를 따라 춤추는 사람들과 연주하는 사람들의 행렬이 이어진다. 구호를 외치고 흥을 돋우는 마을 사람들이 뒤를 이으며 축제의 열기는 더 뜨거워진다. 아이에서 어른까지 축제를 통해 남녀노소 모두 하나가 된다. 모두가 함께 만들고 한 마음으로 즐기는 네부타 축제에 오니 마음이 풍요로워진다.

거대한 등불, 네부타 행렬은 마을과 사람을, 사람들의 마음과 마음을 잇는 오작교가 되는 듯하다. 거리에서 구경하는 사람들도 정성스럽게 만든 등불을 보면서 감탄하고 1년이라는 오랜 시간 네부타를 만든 노고에 진심을 다해 응원의 박수를 보낸다.

축제에 참여한 모두가 가족이 된 듯 보인다. 네부타 축제가 깊어지는 밤, 1년 여 동안 사람들의 정성과 열정이 모아져 빛을 발하는 아오모리 사람들의 축제 혼을 느낄 수 있었다. 일본의 전통 의상 유카타를 대여해주는 곳도 있어서 축제를 더 흥겹게 즐길 수 있다.

1년 동안 정성으로 제작한 네부타를 보며 응원의 박수를 보내는 사람들과 네부타 축제 행렬.

신선하고 저렴한 맞춤형 덮밥 놋케동

다음날 아침 조용한 항구를 찾았다. 가게들이 길게 늘어서 있고 그 사이로 사람들이 몰려 있다. 다테하나간페키 시장은 해가 뜰 때부터 오전 9시까지만 열리는 새벽시장이다. 아침 이른 시간임에도 불구하고 많은 사람들이 물건 사기에 바쁘다. 생필품에서부터 지역의 특산품과 식료품 그리고 신선한 빵까지 다양한 물건들을 판매하고 있다. 제일 인기가 많은 건 바로 갓 튀겨낸 옛맛 그대로의 치킨이다. 또 사람들의 발길을 끄는 곳은 바로 생선 트럭이다. 즉석에서 훈제로 잘 구운 생선구이도 사람들의 발길을 붙잡는다.

신선한 회를 맛보기 위해 항구 옆에 있는 아오모리 교사이센터 수산시장을 찾았다. 쓰가루 해협에서 갓 잡은 싱싱한 생선들로 신선함이 최고인 수산물센터다. 원래는 식당에 납품하는 도매시장이었는데 최근 다른 이유로 많은 사람들이 모인다.

사람들이 저마다 쟁반을 들고 있다. 무엇을 하는지 살펴보니 시장을 돌면서 티켓을 보여주고 밥 위에 자신이 원하는 식재료를 담고 있다. 가게를 돌면서 원하는 음식을 취향대로 골라 먹는 맞춤형 덮밥, 놋케동이다. 놋케동은 5년 전부터 시작했는데 사람들에게 인기가 많아져 전 세계인들이 이곳을 찾아온다고 한다.

놋케동은 수산물센터의 남은 식재료를 소진하기 위해 시작한 메뉴였다. 저렴한 가격에 신선한 재료를 구입할 수 있어 손님이 늘었고 덕

시장을 돌며 취향대로 골라먹는 맞춤형 덮밥 놋케동.

분에 시장이 더욱 활성화됐다. 나도 오리지널 회덮밥 만들기에 도전해 봤다. 식사권을 구매해서 제일 먼저 밥을 담고 쟁반을 들고 시장을 돌면서 밥 위에 좋아하는 해산물을 얹으면 된다.

싱싱해 보이는 새우와 감칠맛 나는 성게를 표와 교환하고 아오모리의 명물인 쫄깃한 가리비와 고운 빛깔의 청어알까지, 드디어 나만의 해물덮밥이 완성됐다. 단돈 만원으로 생각지도 못한 뜻밖의 호화스러운 만찬을 즐겼다. 작은 아이디어로 관광객들을 끌어모으는 지혜가 돋보였다. 평범한 어시장인데 합리적인 가격으로 손님이 직접 해산물을 골라먹는 재미까지 주니 말이다. 신선한 맛과 즉석에서 보고 담아먹는 즐거움이 더해져 손님이 끊이지 않았다.

든든히 배를 채우고 아오모리를 떠나 이와테로 향했다. 산리쿠 연안 도로를 따라 열차여행을 하기로 했다. 산리쿠 철도는 태평양 해안을 따라 달리는 지방철도다.

바닷가 고장을 누비며 달리는 열차는 차창 밖으로 절경을 감상할 수 있어 사람들에게 인기가 좋다. 창가의 좌석은 원하는 대로 방향을 바꿀 수 있어 열차여행을 즐기기에 제대로다. 달리는 열차의 차창은 멋진 스크린이 된다. 차창 너머로 보이는 여유로운 풍경이 낭만에 젖어들게 한다. 또 다른 열차 칸은 복고풍의 색다른 느낌으로 꾸며져 있다. 열차 승무원이 바구니에 담긴 물건을 파는 모습이 왠지 우리네 기차의 옛 모습을 보는 듯 정겹다.

다양한 테마열차가 운행 중인 산리쿠 철도는 어떤 열차를 타게 될지 기대심을 불러일으킨다. 차창 밖으로 드넓게 펼쳐진 바다가 마음까지 시원하게 만든다. 기차 너머로 보이는 멋진 경치 때문에 이동하는 내내 시간 가는 줄 몰랐다.

열차에서 내려 고소데 해안을 찾아갔다. 잔잔한 파도가 일렁이는 조용한 바다가 엄마의 품처럼 따뜻하게 느껴진다. 무엇을 보는지 사람들이 한 곳을 한참 쳐다보고 있다. 바다 속에 해녀들의 모습이 보인다. 고소데 해안의 해녀는 최북단의 해녀로 불린다. 맨몸으로 물에 들어가 작업을 하는 해녀를 보기 위해 관광객들으로 붐빈다.

1 2
———
3 4

1 태평양과 접해 있는 산리쿠 해안 풍경.
2 산리쿠 테마열차의 좌석은 원하는 대로 방향을 바꿀 수 있다.
3 다음에 정차할 역을 안내 방송하는 철도 기관사.
4 수많은 터널을 지나는 산리쿠 철도 여행.

1   맨몸으로 물에 들어가 작업하는 해녀를 구경하는 관광객들.

2   일본 최북단 해녀로 불리는 고소데 해녀들.

제대로 된 잠수 장비도 없이 물속 깊이 내려갔던 해녀가 다시 수면 위로 올라오면 물 밖에서 기다렸던 관광객들이 놀라워하며 응원의 박수를 보낸다. 파도가 높거나 추운 겨울에는 잠수 작업을 쉬어도 좋지만, 요즘 같은 여름에는 해녀들이 본업 외에도 관광업으로 잠수를 해서 채취를 해야 하기 때문에 7~9월이 되면 더 바쁜 시간을 보낸다.

　해녀들이 관광객을 위한 잠수를 끝내고 물 밖으로 올라온다. 나오자마자 보여준 것은 물속에서 캔 바다의 보양식, 성게다. 그런데 해녀 옷이 잠수복이 아닌 것처럼 보인다. 전통 해녀 복장이냐고 물으니 관광용 해녀 의상이라고 한다. 채취가 가능한 기간이 정해져 있어서 근처 해녀들은 관광업에 종사했는데 그런 의미에서 보면 전통 해녀복이 맞는 셈이다. 지금도 전통 해녀복을 입는 곳은 여기뿐이다. 그래서인지 해녀가 되기 위해 멀리서 온 젊은 사람도 있었다.

　해녀가 나오는 텔레비전 드라마를 보고 해녀 일을 하고 싶어진 20대 여인은 해녀가 되려고 지바현에서 이와테로 이주했다고 한다. 해녀들은 성게 손질을 시작했다. 갓 캐낸 성게는 그 자리에서 바로 쪼개어 내장을 제거하고 즉석 회로 밥 위에 얹어서 먹는다. 단백질이 풍부한 성게에서 바다의 맛이 그대로 전해진다.

류센도 동굴과 이와테 민간 종합농장

해안을 따라 다시 길을 나섰다. 아침부터 하늘이 흐리더니 그새 비가 내린다. 비가 오니 이와테의 녹음이 더 짙어진다. 짙푸른 향기가 온몸으로 느껴진다.

일본의 3대 석회 동굴 중 하나인 류센도 동굴에 들어서니 지저호 (동굴 안에 있는 호수)와 종유석이 자아내는 신비한 공간이 펼쳐진다. 자연적으로 만들어진 동굴로 예로부터 깨끗한 물이 솟아나는 동굴이라 지역 사람들에게 친숙한 곳이라고 한다. 동굴 안쪽으로 맑은 물이 솟아올라 여러 개의 지저호가 생겼다. 동굴 안은 조사로 밝혀진 길이만 해도 3.6킬로미터다. 지금도 조사가 이뤄지고 있어서 총 길이는 5킬로미터 이상 될 것으로 예상된다고 한다.

수심 98미터 아래에 있는 제3 지저호는 멀리서도 보일 만큼 옥색 물빛을 발하고 있다. 폐쇄된 동굴에 이렇게 신비감이 감도는 자연이 있다니 놀랍기만 하다. 자연의 아름다움과 광대함에 압도되지 않을 수 없었다.

종유석은 1센티미터 자라는 데 50여 년이 걸리는 자연이 오랜 시간을 들여 만들어낸 예술작품이다. 수만 년을 살아온 종유석을 보니 100년도 살지 못하는 인간의 욕심이 얼마나 어리석은지 깨닫는다.

발길을 옮기자 드넓게 펼쳐진 목장이 한눈에 들어온다. 이와테는 정말 자연이 풍요로운 땅이다. 자연과 함께하는 사람들을 보니 저절

낙농업이 발달한 이와테에 있는 일본 최대 민간 종합농장.

로 힐링이 되는 듯하다.

낙농업이 발달한 이와테를 대표하는 오래된 농장을 찾아가기로 했다. 일본 최대의 민간 종합농장이다. 외양간, 축사 등 21채가 중요문화재로 지정돼 있다. 소의 월령에 맞춰 다양한 사육실이 있고 각자 이름이 있을 만큼 관리가 철저하다. 소의 무게를 재고 기록했던 우사도 그대로 남아 있다. 움푹 파인 바닥이 오래된 시간의 흔적을 말해준다.

농장에 천연냉장고가 있었다. 전기가 없었을 당시 작은 산을 파서만든 냉장고다. 예부터 우유로 버터를 만드는 공장이 있었는데 공장에서 멀리 떨어진 곳에 보관을 하면 버터가 녹아버리는 문제가 생겨서 냉장고를 짓게 되었다고 한다.

기차를 타고 이와테의 도노역으로 향했다. 차창 밖 풍경을 보니 산과 맞닿은 하늘과 구름이 함께 놀자고 말하는 것 같다. 역 주변인데도 조용하기만 하고 거리 장식이 동화 속에 온 듯 독특한 모양이다.

도노후루사토무라 민속촌으로 발길을 옮겼다. 넓은 들판이라는 뜻의 도노는 옛 모습의 전원 풍경과 일본 전통 가옥이 그대로 남아 있다. 옛 모습 그대로를 보존하고 있는 전통 가옥을 찾았다. 집 안에 들어서자 제일 먼저 마차가 눈에 띈다. 이곳은 예부터 산과 바다로 물건을 운반했던 말을 가족처럼 소중하게 여겨왔다고 한다. 그래서인지 집 안에 마구간이 있다. 사람들은 부엌 옆에 마구간을 두고 항상 말을 돌보며 아프지는 않은지 잘 먹고 있는지 보살폈다고 한다. 말과 함께 생활하는 '난부마가리야'라는 곳은 ㄴ자로 굽은 모양을 하고 있었다.

이 마을은 구전으로 전해지는 민화民話가 많이 있어 민화의 고장으로도 유명하다. 할머니 한 분이 이곳을 찾아오는 사람들에게 옛날이야기를 해준다. 민화 중에는 물에 사는 요괴 갓파 이야기도 있다. 갓파는 강가에서 노는 아이들에게 심술을 부려 아이들을 물에 빠뜨리곤 했다고 한다. 갓파 인형옷도 구경할 수 있었다.

갓파 이야기를 듣고 흥미진진한 찰나, 마침 도깨비관이 있다고 해서 찾아가봤다. 무서운 도깨비부터 애교 넘치는 도깨비까지 세계의 다양한 도깨비를 비롯해 도깨비와 관련된 모든 자료가 전시되어 있었다.

1 집 안에 설치된 마구간.

2 물에 사는 요괴 갓파 조형물.

3 이와사키의 민속 예능 도깨비 검무 장면.

그중에 갓파도 보이고, 대표적인 도깨비 가면도 눈에 띈다.

이와사키는 도깨비 검무라는 민속 예능의 탄생지이기도 하다. 도깨비 가면을 쓰고 추는 도깨비 검무는 예부터 농민들이 쌀이 떨어지거나 질병이 유행할 때 풍년과 무병을 기원하는 의미로 췄던 전통 춤이다. 중요무형민속문화재로 지정돼 지금은 도깨비 검무 보존회가 전통을 이어가고 있다. 북과 피리, 징으로 연주를 하고 보통은 8명의 무용수가 춤을 춘다. 빠르고 역동적인 움직임이 박력 있고 매우 인상적이다. 춤의 독특한 걸음걸이는 땅을 밟는 행위를 통해 그 자리를 정화시킨다는 의미가 있다. 자세히 보니 도깨비 가면을 썼지만 뿔이 없고 가면의 색이 제각각이다. 도깨비 검무 공연자에 따르면 흰색, 빨간색, 파란색, 검은색의 가면 색깔은 오대명왕, 동서남북, 춘하추동 등을 나타낸다고 한다.

자장면, 소바, 냉면으로 유명한 모리오카 거리

산에 둘러싸이고 바다에 면해 있는 이와테는 식재료가 풍부해 다양한 식문화가 발전했다.

자장면, 소바, 냉면 3대 면으로 유명한 모리오카 거리에 갔다. 아직 문도 열지 않은 가게 앞에 사람들이 모여 있다. 부드러운 평양냉면과 달리 모리오카 냉면은 쫄깃쫄깃한 면에 국물의 깊은 맛과 김치의 매

모리오카 거리의 냉면집.

운 맛이 잘 어우러져 사람들에게 인기가 높다.

또한 이와테는 경험이 풍부한 장인들로 전통 공업이 발달한 곳이다. 전통 기술을 모아놓은 모리오카 수공예촌을 찾았다. 이곳에서는 수공예품을 직접 만들어보면서 장인의 전통 비법을 바로 앞에서 볼 수 있다. 가장 쉽게 할 수 있는 전병과자 굽기부터 염색, 철기 공예 등 숙련된 장인들의 지도에 따라 만들다보면 이와테의 전통을 느낄 수 있게 된다.

냉면을 만들어보기로 했다. 모리오카 냉면은 한국의 냉면과 달리 메밀을 쓰지 않고 전분과 밀가루로만 만든다. 반죽을 하고 면을 삶은 후 찬물로 헹궈내 그릇에 곱게 담는다. 그리고 고명을 얹고 육수를 부으면 완성이다. 기호에 따라 김치의 양을 조절하면서 먹는다고 한다. 직접 만들어 먹으니 더 꿀맛이다.

밧줄로 배달되는 하늘을 나는 경단

바다의 진미와 산의 진미, 풍부한 자연의 축복 속에 사람들의 지혜와 기술이 합쳐져 만들어지는 이와테 여행에서 또 다른 묘미를 느낄 수 있는 곳은 바로 겐비 계곡이다.

　사람들이 바구니에서 무언가를 꺼내고 나니 다시 바구니가 올라간다. 도대체 뭔지 궁금해서 알아보니 찹쌀로 빚은 동글동글한 떡 경단을 배달하는 바구니였다. 계곡을 따라 올라가자 오래된 경단가게가 나왔다. 1878년에 창업한 이 가게는 처음부터 밧줄로 판매하기 시작해서 130년이 훨씬 넘게 영업을 하고 있다. 경단의 맛 또한 일품이어서 찾는 관광객들이 많다. 계곡 아래에서 주문을 하면 밧줄로 경단이 배달돼 하늘을 나는 경단으로 불리기도 한다. 흔들리는 바구니 안에 경단과 함께 잔에 담긴 녹차가 들어 있다. 배달되는 동안 녹차가 흘러넘치지 않을까 걱정됐다.

　밧줄로 경단을 운반하게 된 이유가 궁금해서 주인에게 물었다. 증조부 때부터 이어온 가업이라 내려오는 전통대로 하고 있기 때문에 솔직히 자신도 이유가 궁금하다고 웃으며 답한다.

겐비 계곡의 명물, 하늘을 나는 경단 바구니. 배달된 바구니 안에 담긴 녹차와 경단.

1　높은 암벽 사이로 흐르는 겐비 계곡의 맑은 시냇물.
2　전통 배에서 뱃사공의 노래를 들을 수 있다.

경단가게의 3대 주인은 친절하고 세심했다. 다시 아래로 내려와 바구니에 돈을 넣고 나무판을 두드려 주문을 해봤다. 잠시 후 뜻밖에 애국가가 울리더니 한국과 일본의 국기가 함께 꽂힌 경단 바구니가 내려온다. 주인의 세심한 배려가 담긴 정성 가득한 경단이었다.

여행에서 만난 사람들의 따뜻한 마음에 자연이 주는 아름다움까지 더해지니 마지막 여행지 겐비 계곡에서의 감동이 배가되는 것 같다.

겐비 계곡의 강을 둘러싸고 있는 높은 암벽과 숲이 마치 나를 안아주며 위로해주는 듯하다. 뱃사공 아저씨도 노래로 위로해준다.

꽃을 보려고 꽃밭에 가지 말고
별을 보려고 하늘을 쳐다보지 말자.
지금 내 옆에 있는 친구가 꽃이고 별이거늘.

있는 그대로의 나를 받아주고
있는 그대로의 나를 품어주는
자연이 언제나 옆에 있는데

외로워하지 말고
혼자라고 느껴질 때면

자연으로 충전하는 감성여행을
떠나보자.

일본의 알프스
도야마
— 성수일

쇼묘 폭포와
한노키 폭포의 절경

일본의 알프스라고 불리는 다테야마에는 겨울 동안 내린 눈을 깎아
만든 설벽 사이로 봄부터 눈의 대계곡이 열린다. 110년 만에 완전히
복원된 축제 '겐카야마'는 낮에는 꽃수레로 지신밟기를 하고 밤이면
가마를 등불로 장식한 뒤 격돌하며 화합을 이끌어낸다. 지붕에 눈이
쌓이지 못하게 지은 전통 가옥은 세계문화유산으로 지정되었고 일본
에서 가장 오래된 민요 '고키리코'가 풍년을 기원한다. 전통 음악이 잘
보존된 것이다.

　산이 높으면 계곡도 깊은 법, 일본 제일의 협곡 구로베에는 도롯코
열차가 추억을 싣고 기적소리를 울린다. 일본의 지붕, 일본의 알프스
도야마로 떠나보자.

다테야마역 근처 절벽에서 흘러내리는 쇼묘 폭포(왼쪽)와 하노키 폭포(오른쪽).

　도야마현의 중심지 도야마시는 인구 42만 명의 작은 도시지만 소득수준은 일본 전국에서 5위 안에 드는 곳이다. 도야마역은 신, 구형 시내전차와 지방철도 신칸센이 연결되어 다양한 기차를 볼 수 있다. 지방철도를 타고 첫 번째 여행지로 갔다. 시내를 벗어나면 바로 3,000미터의 높은 봉우리들이 보인다. 한 시간을 달려 일본의 알프스 다테야마 연봉 관광의 시작점인 다테야마역에 도착했다.

　많은 관광객이 모여 있는 역 근처 폭포부터 가보기로 했다. 멀리 두 줄기 폭포가 보인다. 왼쪽의 쇼묘 폭포는 350미터 낙차로 떨어지는 물소리가 염불 외는 소리로 들린다 해서 이름 붙여졌다. 마침 폭포에 걸린 무지개를 취재하러 온 지역 방송국 촬영팀을 만났다. '2시'와 '무지개' 모두 일본어로 '니지'로 발음되는 것을 이용해 리포트하는 것이 재미있어 보였다. 아나운서는 이렇게 말했다. "쇼묘 폭포에 오시려면 오후 2시가 좋습니다. 왜냐하면 2시에 무지개가 보일지도 모르니까요. 기다리고 있을게요."

평소에 보기 힘들다는 한노키 폭포도 볼 수 있었다. 한노키 폭포는 쇼묘 폭포의 오른쪽에서 흘러내리고 비가 많이 내리는 계절이 아니면 나타나지 않는다. 오늘처럼 쇼묘 폭포와 한노키 폭포가 함께 흘러내리는 광경은 보기 드문 일이라고 한다. 두 개의 폭포가 떨어지는 모습은 눈이 녹기 시작하는 봄과 큰비가 내린 뒤에만 볼 수 있는 장관이다.

무지개처럼 아무 때나 나타나지 않는 한노키 폭포의 낙차는 무려 500미터나 된다. 아시아에서도 제일 낙차가 큰 폭포이지만 연중 물이 흐르지는 않기 때문에 쇼묘 폭포를 일본 최고 폭포라고 한다.

눈의 대계곡과 3대 명산 다테야마

본격적인 다테야마 관광을 위해 출발지 다테야마역에서 케이블카를 탔다. 여전히 관광객이 넘쳐 출근시간의 시내버스를 타는 기분이 들었다. 케이블카는 24도의 경사진 산을 약 7분 동안 올라간다. 해발 977미터 비조다이라역에서 고원버스로 갈아탔다. 다테야마 고원버스는 비조다이라역에서 무로도까지 50분 동안 1,473미터를 올라간다.

고원버스 차창 밖으로 보이는 다테야마의 두 줄기 폭포.

폭포전망대 앞에서 버스가 속도를 줄이면 조금 전 보고 온 쇼묘 폭포
와 한노키 폭포가 내려다보인다.

도야마현과 나가노현 사이를 이어주는 산악도로가 있는데 유럽의
한 산악인이 이 도로를 일본 알프스라는 뜻의 '알펜루트'라고 이름 붙
여주었다.

드디어 '눈의 대계곡'에 도착했다. 도로 양쪽에 쌓인 눈을 수직으로
깎아 만든 설벽 사이로 '눈의 대계곡'이 펼쳐진다. 인공적으로 만들어
진 '눈의 대계곡'은 봄이 돼야 길이 열리고 7월 이후에는 설벽이 낮아
지지만 8월에도 눈장난을 칠 수 있다.

올해는(2016년) 2월부터 제설작업을 시작해 지난 4월 16일 전면 개

통되었다. 관광 가이드의 말에 따르면 설벽이 높을 때는 대략 20미터까지 눈을 쌓기도 하는데 올해는 13미터 높이로 만들어졌다고 한다. 설벽을 만들기 위해서는 제설한 눈을 다시 쌓아올려야 하며 이때 중요한 작업이 눈이 내리기 전에 길과 길 사이에 GPS를 묻어두는 것이다. 그것을 감지하여 제설한 눈을 쌓아올려 설벽을 만든다고 한다.

인공으로 만든 눈 계곡은 관광상품이 되어 하루에 1만 명 가까운 관광객을 불러모은다. 똑같은 옷을 맞춰 입고 온 인도네시아 여행객들이 독특하게 단체사진을 찍는 모습이 즐거워 보인다. 눈으로 아이스크림을 만들어 기념사진을 찍고, 설벽에 눈사람을 새겨보기도 한다.

쌓인 눈은 층마다 조금씩 다르다. 기온이 높으면 눈이 녹았다 얼었다를 반복해 알갱이가 조금 거칠게 만들어진다고 한다. 눈에 생기는 줄무늬 모양을 보면 그때 어떤 눈이 내렸는지 한눈에 볼 수 있다. 황사가 날아왔을 때는 설벽에 약간 노란색 선이 생긴다. 날짜별로 눈이 쌓인 높이를 나타내는 '눈 달력' 역시 재미있는 구경거리다.

높이 10미터 이상의 설벽을 따라 500미터를 가면 일본에서 제일 높은 터미널과 호텔인 무로도가 해발 2,450미터에 자리 잡고 있다. 여행의 출발지 다테야마역과 무로도의 높이는 약 2,000미터나 차이가 나고 온도 차도 10도 이상이다. 작년 6월 평지 최고 온도가 25도일 때 무로도는 13도였다. 한 시간 만에 봄에서 겨울로 이동할 수 있는 곳이다.

다테야마는 후지산과 함께 일본 3대 명산으로 산악신앙이 발생한 곳이기도 하다. 도야마현의 남자라면 누구나 다테야마를 올라야 한

1 　 도로 양쪽에 쌓인 눈을 수직으로 깎아 만든 '눈의 대계곡'.

2 　 다테야마에는 일본에서 제일 높은 터미널과 호텔이 있다.

3 　 일본의 3대 명산 중 하나인 다테야마 연봉의 설경.

'비가 갠 해안'이라는 뜻의 아마하라시 해변.

다는 말이 있는데 다테야마 연봉은 남자에게 도전의식을 심어준다는
의미로 전해지는 말이 아닐까 싶다.

아마하라시 해변과 가마축제

다카오카시에 있는 비가 갠 해안이란 뜻의 아마하라시 해변에서도 다
테야마 연봉을 볼 수 있다. 도야마만 위로 2,000~3,000미터의 다테
야마 연봉이 떠 있다. 바다와 산을 동시에 볼 수 있는 곳이라 달력 사
진에 빠지지 않는 장소이며 신혼부부가 기념사진 찍는 곳으로 인기가

7개 마을의 가마가 참가하는 후시키 마을의 히키야마 겐카야마 축제.

높은 장소라고 한다. 바다와 2,000미터 높이의 산이 함께 사진에 나오는 곳을 찾기 드물기 때문이다.

아마하라시 해변은 한 바위에서 지명이 유래되었다고 한다. 옛날에 요시쓰네라는 사람이 소나기를 만나자 그의 부하가 바위를 들어올려 비를 피했다고 해서 생긴 이름이다.

아마하라시 해변 가까운 곳 작은 마을 후시키에서 축제가 시작되었다. 후시키 마을의 히키야마 겐카야마 축제다. 200여 년 전 바닷가에 있던 신사가 파도에 붕괴되자 뭍으로 옮겨 새로 지을 때 신위神位를 옮기려고 가마(수레)를 만들며 축제가 시작됐고 전해진다.

올해(2016년)는 특히 중요한 의미가 있어 유명한 탤런트가 초청되었

경험이 전수되어 연습 없이도 호흡이 맞는 축제 참가자들.

다. 탤런트 쇼우에이 씨가 서 있는 가마는 152년 전에 제작되었다가 화재로 사라진 '쥬시키겐쵸' 가마를 110년 만에 복원한 것이다. 이로써 후시키 마을의 가마 7기가 모두 참가하는 축제가 되었다. 떡을 받은 참가자들은 복을 받은 듯 즐거워했다.

떡을 돌리는 행사를 마치고 본격적인 축제가 시작되었다. 7개 마을의 가마는 힘찬 구호와 함께 마을 이곳저곳을 돌아다니기 시작한다. 예전에는 마을 주민 중 남자만 가마를 끌 수 있었지만 최근에는 주민이 부족해 여자도 끌 수 있게 되었다.

가마 위에는 칠복신과 신을 보좌하는 인형이 장식되어 있다. 칠복신을 모신 가마는 지신밟기를 하듯 골목골목을 찾아다니며 복을 빈다. 가마 행렬이 제일 주의해야 할 때는 모퉁이를 돌 때다. 이때는 바퀴를 틀어 방향을 돌린다. 가마꾼들 사이에 경험이 전수되어 연습 없이도 호흡이 맞아서 가마를 끄는 연습을 별도로 하지는 않는다. 마을이 좁다보니 골목에서 가마끼리 마주치는 일도 잦다. 이때는 땀이 밴 함성소리에 맞춰 다시 가마를 돌려 나온다.

한 축제 참가자는 옛날과 비교해 가마가 조금 무거워졌다고 말한다. 전에는 좀 더 가벼워서 모퉁이를 거뜬히 돌 수 있었지만 지금은 8톤 가마가 부닥치기 때문에 보호 장치를 해서 잘 부서지지 않도록 해놓았다고 한다.

집집마다 복을 빌어주는 행사를 마친 가마는 보관 창고로 돌아간다. 가마를 수놓았던 꽃 우산과 장식들을 내리고 밤 축제용 가마로 변신한다.

오후 3시 반부터 가마에 등을 달기 시작한다. 밤 축제 '겐카야마'를 준비하기 위해서다. 하나의 가마에는 350~400개의 등이 걸린다. 예전에는 소형 전구를 사용해 빛을 밝혔지만 최근에는 LED조명으로 바뀌었다. 등 하나 만드는 비용이 8만 원 정도라 하니 가마 1기를 장식하는 등 값만 약 3,000만 원이 드는 셈이다.

동서남북 4면을 등으로 장식한 뒤 정면에는 칠복신을 보좌하는 인형을 다시 앉힌다. 인형은 중국에서 받아들인 문화를 보여주듯 중국식 머리 모양과 옷차림을 하고 있는데 낮 동안 입었던 옷을 밤 축제용으로 갈아입힌다.

땀이 밴 함성소리와 한마음으로 축제를 즐기는 사람들.

　해가 기울어져갈 무렵 가마가 변신을 끝냈다. 축제에 참가하는 사람과 구경하는 사람들 모두 밤축제가 시작되기 전까지 잠시 한숨 돌리는 시간을 갖는다. 축제에 참가한 사람들에게 여행 프로그램을 만든다고 소개하니 신고 있는 일본식 버선과 여행은 발음이 같은 '타비'라고 설명해준다. 이들은 축제를 통해 동질감과 소속감을 갖는다. 나도 젊은 친구들과 함께 사진을 찍었다. '기무치'하면 안 되고 '김치'해야 찍히는 스마트폰이 모두를 웃게 했다. 함께 웃으며 소통하고 마음을 나누는 이 순간이 여행의 감동으로 다가왔다. 잊을 수 없는 유쾌한 추억으로 기억될 것 같다.

화려한 밤 축제 겐카야마

땅거미가 질 무렵, 각 마을을 대표하는 사람들은 가마 위로 올라가 각오를 다지고, 다치지 않게 안전을 빈다. 드디어 가마는 등불을 모두 밝히고 격전의 장소로 이동한다. 낮부터 귀에 익은 '이야 사카에' 하는 구호도 계속된다. 축제 진행을 맡은 사회자가 '이야 사카에'가 '더욱 번영'이라는 의미라고 말해준다. 항구 마을에서 장사하는 사람들의 번영을 기원하는 구호인 것이다.

낮보다는 화려한 밤 축제에 많은 사람이 몰린다. 아름답게 등불을 밝힌 수레가 부닥치는 밤 축제 겐카야마는 가마 앞에 대포처럼 달린 긴 나무를 맞대며 서로의 전력을 탐색하는 것으로 시작한다. 마을의 대표가 가마 위에 올라가 몇 번 싸울지를 정한다. 올해 처음 복원한 쥬시키겐쵸의 대표가 5판을 해보자고 손가락을 다 펴보인다.

가마끼리 부닥치는 것을 '갓챠'라고 한다. 갓챠는 가마끼리 들이받으며 겨루는 것이다. 원래는 다른 마을 가마가 길을 막을 때 들이받아 길을 확보한 데서 유래했다. 1950년을 전후해서 10여 년간은 낮에도 꽃장식 가마로 들이받는 행사를 했지만 너무 위험해서 현재는 밤에만 격전을 치른다. 밤 축제가 인기를 모으자 유료 관람석도 생겼다. 8톤이나 되는 수레가 부닥치면 매달린 등불도 크게 흔들린다. 얼마나 튼튼한지 서로 충돌하는데도 부서지는 가마는 없었다.

현재 '갓챠'는 승패를 가리지 않는다. 보는 사람이 분위기로 느낄

화려하게 등불을 밝힌 두 가마가 서로 부닥쳐 힘을 겨루는 겐카야마의 밤 축제 장면.

뿐이다. 승패가 없는 게임은 재미가 없지만 가마가 부닥치는 모습은 아무리 봐도 질리지 않는다.

202년 전 신사를 옮기는 가마를 만들면서 시작된 작은 마을 축제는 매년 발전을 거듭하고 있다. 보기만 해도 심장이 뛰는 축제로 만들겠다는 주민들의 노력은 이제 전국적인 축제로 인기를 얻기 시작했다.

가마를 밀고 당기느라 녹초가 된 주민들은 빨리 끝나기를 은근히 기대하지만 관광객들은 계속 싸워주기를 바란다. 책임자가 다시 가마에 올라 마지막 횟수를 정한다. 처음보다 많이 지쳐 보인다. 이제 끝이 보이는 것 같다. 가마 위에 올라간 책임자는 악수로 마무리를 하고 축제에 참가한 사람들은 내년을 기약하며 춤추고 노래한다.

도야마현 유일의 국보 사찰 즈이류지

다음날 도라에몽 노면전차를 탔다. 만화 〈도라에몽〉을 그린 작가 '후지코 F 후지오'는 다카오카시에서 태어나고 어린 시절을 보냈다. 도라에몽 노면전차는 세계적인 만화가의 고향 다카오카시를 기념하기 위해 만화 주인공을 그려넣고 운행하고 있다.

즈이류지에 도착했다. 1층과 2층 지붕 크기가 비슷한 산문山門이 보인다. 이곳 산문은 국보로 지정되었다. 눈이 많은 고장이라 2층 지붕이 우산 역할을 해 1층 지붕에 눈이 쌓이지 않도록 했다. 1층 지붕 서

까래는 평행을 이룬 반면 2층 서까래는 부채를 펼친 모양이어서 한층 안정적으로 보이게 했다.

불전을 받치고 있는 반석에도 지혜가 엿보인다. 동파를 방지하려고 쉽게 깨지는 모퉁이 1단은 5센티미터 정도 올려 물이 스며들지 않게 했다. 불전 내부 역시 국보로 지정되었는데 천장을 최대한 보여주기 위해 기둥을 최소로 사용했다. 47톤이나 되는 납으로 만든 지붕을 360여 년째 받치고 있는 기둥에는 비밀이 숨어 있었다.

문화 해설사의 설명을 들으니 쉽게 이해가 되었다. 기둥은 느티나무로 만드는데, 이때 목재의 중심, 즉 나이테의 중심이 중앙에 남아 있는 채로 기둥을 사용하면 오랜 시간이 지난 뒤에 반드시 휘거나 갈라진다고 한다. 그래서 그렇게 되지 않도록 거대한 느티나무를 4등분 한 뒤 나무의 가운데 부분을 사용하지 않고 기둥을 만들어 세월이 지나도 변형이 없다고 한다.

즈이류지는 도야마현 유일의 국보 사찰이다. 법당에는 이 절을 세우라고 한 마에다 도시나가의 위패와 아욱잎 모양의 가문문장을 모시고 있다.

흥미롭게도 화장실의 신도 모시고 있었다. 모든 나쁜 것이 화장실에서 나온다고 생각해서 이를 막아줄 신이 필요했다고 한다. 냄새와 더러움을 없애주는 우슈사마묘오우烏瑟沙摩明王는 강렬한 표정과 특이한 자세로 한 손은 창을 들고 다른 한 손은 발을 잡고 서 있다.

1   국보 사찰 즈이류지 불교 사원의 산문.

2   세월이 지나도 변형이 없는 느티나무 기둥.

3   냄새와 더러움을 없애준다는 화장실 신.

1
—
2
—
3

금박 한 장이 덮인 하쿠이치 금박 아이스크림.

최대 금박 생산지로 유명한 가나자와

자동차로 40분 거리에 있는 가나자와로 갔다. 일본에서 금박 생산이 제일 많은 곳답게 최근에는 금박 아이스크림이 유명세를 타고 있었다. 금박 아이스크림을 먹고 있는 여학생들에게 금맛이 나냐고 물어보니 그렇다고 대답한다. 학생들은 금박이 이에 붙을까봐 조심하며 먹고 있었다. 맛이 궁금해 주문을 했다. 금가루를 뿌리면 450엔, 금박한 장을 붙여주면 891엔이다.

아무리 얇아도 금속인데 먹어도 괜찮은지 가게 직원에게 물으니 아이스크림 금박에는 유해 성분이 없다고 한다. 직원은 금의 효능을 과

가나자와의 유명한 찻집거리.

장하지 않았다. 아이스크림을 먹으며 거리를 여유 있게 돌아보려고 가게를 나섰다. 금박이 바람에 날아갈까 조심하며 걸어가는데 전통 거리에서 음식물은 가게 안이나 준비된 의자에서 먹어야 한다는 안내를 받았다. 거리가 깨끗한 이유를 확실히 알게 되었다. 앉아서 891엔짜리 '하쿠이치' 금박 아이스크림을 먹어보았다. 금맛은 있는지 없는지 잘 모르겠다. 왜 아이스크림 값을 891엔으로 정했을까 궁금했는데 하쿠이치 그룹의 직원이 친절하게 설명해준다. 얇은 금속을 의미하는 박箔의 일본어 발음(하쿠)을 숫자 89의 발음(하쿠)에 적용하고 거기에 넘버원 1의 발음(이치)을 합해 아이스크림 이름이 '하쿠이치 891'이 되었고 아이스크림 값도 그렇게 정해졌다는 것이다.

새로운 술이 만들어졌음을 알리는 술도가의 상징 삼나무 덩이.

　가나자와의 유명한 찻집거리로 이동하니 1820년 조성돼 기생의 춤과 악기연주를 즐기던 곳을 볼 수 있었다. 가게 입구마다 특이하게 옥수수가 걸려 있었다. 한 가게는 삼나무 잎 말린 것을 동그랗게 뭉쳐 간판으로 걸어두었다. 매달린 이름표에는 '술의 신'이라고 적혀 있다.

　문이 열린 가게로 들어가보았다. 역시 술을 파는 가게였다. 입구에 삼나무를 걸어둔 의미를 물어보니 새로운 술이 만들어졌음을 알려주는 술도가의 상징이라고 한다.

　이곳 역시 가나자와 금가루를 이용해 술을 팔고 있었다. 원하는 술에 금가루를 뿌려준다. 일본에서는 50여 년 전에 술에 금가루를 넣어서 마실 수 있도록 식용 허가가 난 후 금을 이용한 다양한 식용요리가 개발되었다.

　가나자와는 일본 금박의 99퍼센트를 생산하기 때문에 거리에서 다양한 금박가게를 볼 수 있다. 생활용품, 부채, 장식물 등 다양한 제품에 금, 은, 백금 등을 얇게 붙인다.

　가장 인기 있는 상품은 역시 복을 부르는 금박 고양이다. 금이 피부의 신진대사를 촉진시켜 윤기와 탄력을 더해준다고 해 다양한 화장품도 개발·판매되고 있었다.

　금은 영원히 변치 않음과 부를 상징한다. 그래서 누구나 금을 소유하고 싶어한다. 금박의 활용은 사찰이나 불상을 입히는 종교적 신앙심에서 시작되어 최근에는 여학생들도 관심을 갖는 미용에까지 그 범위를 넓히고 있다.

화장실을 금박으로 꾸민 공예점

사쿠다 금은박 공예점에서 다양한 금박 기법으로 제작된 병풍들을 구경했다. 덴표 시대(710~794년)부터 이어져 내려온 모래 세공, 즉 금은 가루를 모래처럼 뿌리는 굉장히 어려운 기법으로 만든 것도 있었다. 전부 금박이나 은박이나 백금, 그리고 금박을 잘게 부수어서 만든 금가루로 만들었다고 한다. 금박을 검게 변색시킨 것 위에 금가루로 꽃과 가지를 그린 병풍도 보였다. 새 한 마리에도 수많은 기술이 들어가 보는 각도에 따라 다르게 반짝거렸다.

사쿠다 금은박 공예점에서 제일 유명한 곳은 화장실이다. 실제로 사용하는 화장실인데 금박으로 벽을 입혔다. 사쿠다 금은박 공예점의 대표는 손님들이 금박을 가장 잘 즐길 수 있는 곳이 어디일까 생각하다가 화장실을 떠올렸다고 한다. 화장실은 누구나 가기 때문에 화장실에서도 금박을 충분히 즐길 수 있도록 화장식 벽을 금박으로 만들었다고 했다.

여성용 화장실 벽은 금박이고 남성용 화장실 벽은 백금으로 되어 있다. 남성용 화장실 벽이 모두 금으로 되어 있으면 긴장을 해서 나올 것이 나오지 않게 되므로 보다 안정적인 백금으로 했다는 이야기에 웃지 않을 수 없었다. 화장실을 금으로 꾸미는 데 2,000만 엔, 즉 2억 원 정도가 들었다고 한다.

공예점에서는 손님에게 직접 금박을 가공하는 모습을 보여주기도 하고 금박공예를 체험하는 프로그램도 운영하고 있다. 종잇장처럼 얇은 금박은 입김에도 날아갈 것 같다. 대나무로 만든 틀을 눌러 표준 규격으로 자른다. 가로 세로 10.9센티미터, 두께는 1만분의 1센티미터다.

나도 금박공예 체험을 해보기로 하고, 금가루를 제일 많이 붙일 수 있는 디자인을 선택했다. 한 시간 정도 걸리는 금박공예 체험으로 특별한 기념품을 직접 만들 수 있으며 예약은 필수다.

1   2
―――――
3   4

1   금은 가루를 모래처럼 뿌리는 고난도 기법으로 제작된 병풍.
2   일본 금박의 99퍼센트를 생산하는 가나자와의 각종 금박 제품들.
3   백금으로 벽을 입힌 사쿠다 금은박 공예점의 남자 화장실.
4   금박공예 체험을 통해 직접 기념품을 만들어보는 사람들.

광대함, 고요함, 기교, 고색창연, 수로, 조망 6가지를 갖춘 겐로쿠엔 정경.

일본의 전통 정원 겐로쿠엔

가나자와는 금박과 함께 정원으로도 유명하다. 바로 이곳에 완성까지 170년이 걸린 일본의 전통 정원 겐로쿠엔이 있다. 가나자와성의 부속 정원이었던 겐로쿠엔은 일본을 대표하는 3대 정원답게 늘 사람들로 붐빈다. 겐로쿠엔을 상징하는 고토지 등롱은 다리가 2개인 석등으로 악기의 현을 지탱하는 굄목처럼 생겼다. 정원 연못에는 1861년 자연의 수압을 이용해 만들어진 일본 최초의 분수가 있다. 분수의 물줄기는 연못 수면과 표고차로 인한 수압에 따라 그 높이가 달라진다.

　일본 전통의상을 입고 정원을 거니는 사람들이 많이 보인다. 오래된

1861년 자연 수압으로 만들어진 일본 최초의 분수.

정원을 기모노를 입고 산책하면 좀더 옛 정취를 느낄 수 있을 것 같다. 간코바시 돌다리는 11개의 붉은 돌을 사용해 기러기가 날아가는 모습을 표현했다. 하나하나의 돌은 거북이 등껍질 모양을 하고 있다.

겐로쿠엔兼六園은 광대함, 고요함, 기교, 고색창연, 수로, 조망 6가지를 갖췄다는 의미로 1620년부터 1840년까지 이 지역을 지배했던 마에다 가문에서 만든 정원이다. 앞서 방문한 다카오카시의 즈이류지 역시 마에다 가문에서 지은 것이다.

지나다 보니 미국에서 여행 온 학생이 뜻밖에 일본 전통시 하이쿠를 짓고 있었다. 정원의 자연경관과 방문객들을 보며 영감을 받아서 정원의 모습에 대해 하이쿠를 짓고 있다고 한다. 나무의 모양과 뿌리

1   일본 전통 의상 기모노를 입고 겐로쿠엔을 구경하는 관광객들.
2   아름다운 겐로쿠엔의 야경.

에 대해 하이쿠를 짓고 있는 학생도 있었다.

가만히 앉아 정원을 바라보니 저절로 시 한 수 지을 수 있을 것 같은 기분이 든다. 기념사진도 좋지만 시 한 수로 느낌을 남기려는 모습이 인상적이다. 연못에 비친 그림자도 시상을 떠올리기에 충분한 듯하다.

겐로쿠엔은 저녁이 되면 더욱 붐빈다. 서둘러 좋은 장소를 찾은 사람들은 공원의 조명이 켜지기를 기다린다. 조명이 켜지면 공원은 그야말로 인산인해다. 겐로쿠엔은 계절마다 한 번씩, 적어도 네 번은 가봐야 제대로의 아름다움을 볼 수 있다고 한다. 자연과 인공이 어우러진 겐로쿠엔은 전통과 현대의 조화를 추구하는 가나자와시의 또 다른 모습을 상징한다.

억새풀 지붕의 전통 마을

다시 도야마현으로 갔다. 난토시 고카야마에 있는 세계문화유산에 등재된 전통 마을 아이노쿠라의 갓쇼즈쿠리(합장 양식) 촌락을 찾아갔다. 이 마을의 집들은 대부분 손바닥을 모아 합장한 모양의 지붕으로 되어 있는데 눈이 쌓이지 않도록 하기 위해서다. 1995년 세계문화유산으로 등재된 이곳은 2008년 자동차도로가 완전 개통되면서 더 많은 사람이 찾아오는 체험 관광지로 인기를 얻고 있다.

난토시 고카야마에 있는 전통 마을 아이노쿠라의 갓쇼즈쿠리.

　이곳으로 기업 연수를 온 사람들이 민박을 하며 문에 창호지 바르는 체험을 하고 있었다. 마침 구경하기 어려운 지붕갈이를 하고 있는 집이 있었다. 지붕갈이는 마을에 사는 사람들에게 제일 중요한 행사다.

　우리나라의 초가집은 매년 지붕을 갈아야 하지만 억새로 만든 일본 지붕은 20년 이상 쓸 수 있다. 지금은 국가지정사적, 건축물보존지구, 세계문화유산이 되어 억새밭 관리부터 보수 및 유지까지 국가와 재단에서 맡고 있다. 마을 사람들은 한편으로는 편하겠지만 옛날처럼 주민들이 함께하는 전통이 점점 사라져 아쉽다고 한다.

　요모시로우 민박 운영자는 현재 집에 살고 있는 사람과 지붕을 작업한 사람이 다르다고 알려주었다. 예전에 살던 사람이 지붕을 직접

문에 창호지 바르는 체험을 하는 방문객들.

바꾸었던 것이다. 지붕을 잇는 동안 비가 오거나 바람이 불면 굉장히
위험하기 때문에 옛날 사람들은 그 위험을 줄이기 위해 3분의 1씩 지
붕을 바꾸었다. 그렇게 3~4년에 한 번씩 순차적으로 작업을 하면 전
체를 다하는 데 20년 정도 걸리게 된다. 만약 중간에 지붕 교체 방법
이 잘못되면 20년을 버티지 못하는 경우도 있다고 한다.

　이와세케는 국가중요문화재로 고카야마 최대 규모의 갓쇼즈쿠리
가옥을 말하는데 이와 유사한 집 구조를 잘 볼 수 있는 이와세 씨의
집으로 가보았다. 이 집은 300여 년 전에 지은 집으로 1958년에 문화
재로 지정되었다. 마침 이 지역의 전통 민요와 춤인 고키리코 공연을
하고 있었다.

그의 집은 당시 사찰이나 신사에서만 쓸 수 있던 느티나무로 지어졌다. 화약제조에 필요한 염초를 만들고 관리하던 곳이어서 관리들이 자주 드나들었던 데다 종종 관리들의 숙소로도 쓰였기에 느티나무로 건축할 수 있었다.

2층으로 올라가 보니 보기보다 넓었다. 바람에 지붕이 날아가지 않도록 단단히 묶어둔 모습과 양잠을 한 흔적도 보인다. 양잠은 당시 염초 생산과 함께 이 지역에서 가장 중요한 일이었다. 3층 역시 좁지는 않았다. 대부분 집은 3층 구조로 지어졌다고 한다. 1층에서는 주거를 하고 2, 3층에서는 양잠을 했다. 양잠은 평지 1층에서 하면 뽕나무 잎을 지고 올라가지 않아도 되지만 그렇게 하려면 1층 면적이 넓어져야 했기에, 겨울에 눈이 많이 내리면 무너질 것을 대비해 2층에서 양잠을 했다고 한다.

집에 모신 신단은 집주인 이와세 씨가 태어나기 훨씬 전부터 있었고, 확실하지는 않지만 120~130년 전 메이지 시대에 안치한 것 같다고 한다. 곰 가죽을 깔아놓은 방이 있었다. 곰 가죽 위에 앉는 사람은 보통 사무라이였고 한쪽에는 하급 무사가 서 있었는데, 적이 오면 금방 알아차렸다고 한다. 관리가 머물던 방과 출입구가 있는 현관은 2미터 이상 거리를 두어 창이나 칼이 직접 닿을 수 없도록 여유 공간을 만들어두었다. 이와세 씨의 집은 이 마을에서도 갖출 것은 다 갖춘 격식 있는 집이다.

나는 이 마을 민박집에서 하루 머물러 보기로 했다. 사람들이 많이

1   지은 지 300여 년 된 전통 가옥의 주인 이와세 씨.

2   이와세 씨의 집에 모셔진 신단.

3   관리가 머물던 방과 현관 사이의 넓은 여유 공간.

마을에서 풍년을 기원할 때 부르던 일본 전통 민요 고키리코 공연.

찾아와 2층을 수리하는 중이었다. 주인 아주머니가 한창 저녁을 준비하고 있었다. 함께 민박집에 묵는 스페인, 러시아 친구들이 스마트폰 번역기로 대화를 시도했다. 정확하지는 않지만 스마트폰으로 이야기가 통하는 재미를 느꼈다.

깊은 산속이어서인지 마을의 밤이 빨리 찾아왔다. 마을의 공연장에서 민박하는 사람들을 위한 공연이 열렸다. 고카야마를 대표하는 민요 '고키리코' 공연이다. 피리, 북 등의 악기를 5명의 악사가 연주하고 남녀 무용수들이 교대로 등장한다. 고키리코는 마을을 돌며 풍년을 기원할 때 부르던 일본에서 가장 오래된 민요다.

영국 여왕 엘리자베스 2세가 일본을 방문했을 때 만찬식장에서 배경음악으로 사용되면서 더욱 유명해졌다. 남성 무용수가 '사사라'라는 악기를 들고 등장했다. 이 악기는 유연하게 휘어지며 부닥치는 소리를 낸다. 남성 무용수의 춤사위는 여성에 비해 도전적이다. 공연은 원래 마을 축제 때만 볼 수 있었지만 요즘은 관광객을 위해 상시 공연이 열린다고 한다.

고카야마는 옛날에는 삭막한 유배지였으나 지금은 전통을 잘 보전해 일본의 진면목을 제일 잘 볼 수 있는 곳이 되었다. 고키리코 민요가 일본에서 시작된 것은 헤이안 시대(794~1192년)라고 하는데 처음에 누가 전했는지는 알려지지 않았다. 어쩌면 대륙에서 전해준 것인지도 모른다. 현재 고카야마에서 독자적인 형태로 고키리코 춤이 남아 있다. 여러 지역에서 전해진 문화가 일본에서 독자적으로 발달했기 때문에 어쩌면 고키리코가 한반도에서 전해진 건지도 모르겠다고 현지인들은 말한다.

대자연을 품은 도롯코 열차

이번 여행의 마지막 여행지는 구로베시 우나즈키역에서 시작했다.

일본의 대표적인 협곡으로 꼽히는 구로베 협곡을 작은 도롯코 열차를 타고 돌아보기로 했다. 역을 출발한 열차가 얼마 안 가 붉은색 다리를 건넜다. 이 다리의 이름은 메아리 다리인데 기차소리가 메아리

'메아리 다리'라 불리는 구로베 협곡의 빨간 다리.

가 되어 마을에 울린다 해서 이름 붙여졌다. 도롯코 열차는 1950년대 구로베 협곡에 댐을 건설할 때 자재를 운반하기 위해 만든 공사용 화물 열차였다. 댐 건설이 끝나자 1971년에 관광철도로 변모한 것이다.

도롯코 열차를 타면 1시간 20분 동안 대자연의 품에 안기는 듯한 여행을 할 수 있다. 3,000미터 높이의 산이 즐비한 곳에 있는 계곡이라 골짜기도 깊다.

종착역에 도착하니 배가 출출해졌다. 도야마현의 대표적인 블랙라멘을 주문했다. 간장으로 국물을 내 색깔이 검고 많이 짜다. 전쟁 후 먹을 것이 부족해 라멘국물을 짜게 해 밥을 말아먹은 것이 유래다. 라멘의 색은 짙었지만, 맛은 부드러웠다.

도롯코 열차에는 창문이 없는 개방형과 문이 있는 일반형 객차가 있는데 개방형을 타려면 겉옷을 준비하는 것이 좋다. 돌아오는 열차에서 38년째 근무하는 구로베 협곡 철도 주식회사 영업부장 후지카 요시히로 씨를 만났다. 구로베 협곡 철도의 산증인인 그는 구로베 협곡의 경치를 보고 싶어 하는 관광객들이 많아서 '태워주기는 하겠지만 목숨은 보장할 수 없다'는 내용이 적힌 승차권을 나눠주기도 했다고 한다.

중간 지점에 있는 가네쓰리역에 도착했다. 기차가 빠져나온 터널 위에 있는 민박집이 특이하다. 요시히로 씨가 가네쓰리 민박집을 적극 추천해 시내에 잡았던 호텔 예약을 취소했다.

이곳에 들어온 지 50년이 되었다는 민박 주인은 20대에 남편 얼굴도 못 보고 부모님이 정해준 대로 이 지역으로 시집을 왔다고 한다.

기차가 도착하면 관광객들이 강으로 내려온다. 이곳에는 천연온천이 있어서 용기 있는 사람은 옷을 벗고 온천을 즐길 수 있다. 대부분의 관광객들은 발을 담근 채 피로를 푼다. 조금 늦게 온 사람들도 손으로 조금만 강바닥을 파면 따뜻한 물이 나오는 이색적인 체험을 할 수 있다. 이렇게 구로베강의 찬물과 온천물을 동시에 즐길 수 있다.

관광객들은 유일한 교통수단인 마지막 도롯코 열차를 놓치면 안 되기 때문에 오후 4시까지만 온천을 즐길 수 있다.

관광객도 떠나가고 민박집에는 나만 홀로 남았다. 어머니를 도와주러 돌아온 아들이 모두 현지에서 나는 산나물로 반찬을 만들어 저녁

1   구로베강의 천연온천.
2   가네쓰리 민박집에서 대접받은 녹차.

을 준비했다. 물고기도 구로베강에서 잡은 것이다. 고향집에 있는 듯 푸근한 저녁을 보냈다.

이번 여행의 마지막 아침이 밝아온다. 다시 온천이 있는 강으로 나갔다. 첫 기차가 관광객을 내려놓을 때까지 이곳에 오는 사람은 아무도 없다. 이 순간만큼은 계곡과 온천이 온전히 내 것이 된다. 가네쓰리 민박 예약은 하루에 한 팀만 받아서 다른 사람들의 눈치를 안 보고 온천을 즐길 수 있다.

다카야마 설산 봉우리에서 녹아내린 물이 흐르는 구로베강을 바라보며 노천온천에 몸을 담그고 이번 여행을 마쳤다. 가족과 친구와 다시 오겠다는 약속을 지키고 싶다.

시내 호텔 예약을 취소하고 가네쓰리 민박으로 오기를 잘했다는 생각이 들었다. 아름다운 자연 속에서 진정한 쉼을 얻은 시간이었다. 인생의 정답이 없고 정한 대로 흘러가지 않듯이 여행에서도 누구를 만나느냐에 따라 머무는 곳이 달라지는 것 같다. 마지막 여정으로 더할나위 없는 여행지여서 감사했다.

아름다운 땅끝마을
가고시마

— 윤성도

한겨울에도 따뜻한 섬과
활화산

규슈섬 남서쪽, 일본 열도의 최남단인 가고시마는 한겨울에도 기온이 섭씨 10도를 넘나들 정도로 따뜻하다. 푸르른 바다에 따뜻한 남풍이 불고 이끼로 뒤덮인 삼나무 숲에서 원시의 생명이 살아 숨 쉬는 땅이다.

먼저 가고시마시에서 여정을 시작했다. 가고시마시 어디에서나 사쿠라지마산이 보인다. 사쿠라지마는 세계적으로도 대표적인 활화산 중 하나이기도 하고 독특한 화산 지형을 볼 수 있어 화산 애호가들이 많이 찾는다.

시내에서 배를 타고 긴코만 바다를 15분 정도 건너 사쿠라지마산으로 갔다. 산 정상은 출입할 수가 없어 전망대로 향했다. 전망대에서 용암이 굳어 만들어진 신기한 모양의 바위를 여럿 볼 수 있다. 물개처

지금도 활발히 화산활동 중인 사쿠라지마산.

럼 생긴 물개바위가 있는가 하면 스핑크스처럼 생긴 바위도 있는데 머리는 마치 원숭이를 닮아 원숭이바위라고 한다. 사쿠라지마는 소규모 분화가 거의 매일 일어나고, 간혹 대규모 분화도 일어난다. 2013년 화산폭발 때는 화산재 연기가 5,000미터나 솟았다고 한다. 최근 몇 달간은 분화가 전혀 없었지만, 분화구에서 연기는 계속 나고 있었다.

100여 년 전인 1914년 사쿠라지마에 대규모 화산폭발이 있었다. 그때 분출된 화산재로 3미터 높이의 신사 석조문인 구로카미 신시문이 상단 부분만 남은 채 매몰되었다. 지금 그곳에는 매몰 현장이 그대로 보존돼 있다. 당시 대분화로 화산재가 7,000미터나 솟았고 집들이 지붕만 남기고 화산재에 파묻혔다. 이 석조문 역시 3분의 2가 파묻힌

셈인데 그때 쌓인 화산재의 높이가 무려 2미터라고 한다. 원래 섬이었던 지역이 당시 분화로 용암이 흘러내려 오스미 반도와 연결되었다고 하니 상당히 큰 폭발이었음을 알 수 있다.

사쿠라지마 화산 주변에 사는 주민들에게 화산폭발은 익숙한 일상이다. 정상 근처의 마을에는 집집마다 화산폭발로 날아오는 돌을 피할 수 있는 가정 대피소가 마련되어 있을 정도다.

사쿠라지마항 근처 바닷가에는 길이가 무려 100미터나 되는 족욕온천이 있다. 일본에서도 가장 큰 족욕 온천이라고 한다. 바다를 바라보며 따뜻한 온천물에 발을 담그고 있으니 여행의 피로가 확 풀리는 것 같다.

러시아 마지막 황제가 찾은 시마즈 가문 별장

사쿠라지마와 멀지 않은 곳에 작은 기차역 가레이가와역이 있다. 이곳은 1903년에 만들어진 목조 기차역으로 가고시마에서 가장 오래된 역이다. 역 내부에는 옛날에 쓰던 조명이며 나무 의자가 그대로 남아 있다. 마치 100년 전으로 시간여행을 하는 것 같다.

일본에서도 이런 역은 흔치 않아 옛날의 추억을 그리워하는 사람들의 발길이 끊이지 않는다. 가레이가와역에 상주하는 '냥타로'라는 관광대사 고양이는 관저까지 가지고 있다. 고양이 대사가 어디 있나 한

1
—
2
—
3

1   사쿠라지마 바닷가에 있는 길이 100미터의 족욕 온천.

2   가고시마에서 가장 오래된 가레이가와역.

3   가레이가와역의 고양이 관광대사 냥타로.

사카모토 료마 부부 동상.

참을 찾았는데 역사 옆에서 햇볕을 쬐며 잠을 자고 있었다. 하루 종일 잠을 자는 게 주 업무지만 이미 전국적인 유명인사라고 한다.

　가레이가와역 근처 계곡에는 사카모토 료마의 사진이 실린 안내문과 동상이 세워진 작은 온천이 있다. 사쓰마번과 조슈번의 동맹을 이끌어내 메이지 유신의 산파 역할을 했던 사카모토 료마가 결혼 후 1866년에 부인 오료와 요양을 왔던 곳이기 때문이다. 일본 최초의 신혼여행이었다고 한다. 그래서인지 역사적으로 유명한 장소가 되었다. 작고 소박한 온천이지만 신혼 때의 기분을 느껴보고 싶은 부부들이 이 온천을 많이 찾는다.

　가고시마가 역사적으로 중요한 이유는 메이지 유신을 이끌었던 사

러시아의 마지막 황제가 식사했던 식탁.

쓰마번이 바로 지금의 가고시마이기 때문이다. 가고시마의 역사를 핵심적으로 대표하는 곳은 센간엔仙巖園이다. 센간엔은 사쓰마번을 다스렸던 시마즈 가문의 별장이다. 가고시마의 마지막 번주 다다요시의 사진이 별장에 걸려 있었는데 그는 나가코 쇼와 황태후의 삼촌이었다.

1868년 사쓰마번과 조슈번이 연합해 막부 정권을 무너뜨리면서 메이지 유신이 본격적으로 시작됐다. 이후 가고시마는 정치적으로 중요한 지역으로 외국 국빈들이 방문하는 명소가 되었다. 러시아의 마지막 황제 니콜라이 2세도 왕자였을 때 일본을 방문해 이곳에 들렀다고 한다. 방에는 니콜라이 왕자가 식사를 했던 1891년 식탁이 그대로 복원돼 있었다. 식탁에서 역사의 힘과 세월의 여운이 느껴지는 듯하다.

영롱하고 정교한 유리 특산품

서양의 문물을 일찍 받아들였던 사쓰마번은 근대 산업의 발전도 주도했다. 19세기 유리공예 공장을 다시 복원한 유리공장에 가서 유리 제품 만드는 것을 보았다. 공장에서는 19세기 전통 방식 그대로 공예품을 만든다. 유리를 불고 다듬어 그릇을 만들고 색깔을 입힌 표면을 기계로 갈아 완성한다. 160년 전 사쓰마번에서 만들기 시작한 유리공예품 '사쓰마 기리코'는 가고시마를 대표하는 특산품이 됐다. 영롱한 색깔과 정교하게 다듬어진 무늬가 무척이나 아름답다.

사쓰마번은 메이지 유신 때 수많은 인물을 배출했다. 그중 가장 유명한 사람은 메이지 유신 3대 주역으로 추앙받고 있는 사이고 다카모리다. 가고시마 어디에서나 사이고의 캐릭터를 볼 수 있을 만큼 그는 가고시마를 상징하는 인물이다.

일본의 근대화 시기에 그가 어떤 역할을 했는지 알아보기 위해 가고시마 역사자료센터 레이메이칸을 찾았다. 메이지 유신이 시작되고 신식 무기가 보급되자 칼을 찬 전통적인 사무라이들은 점점 설 자리가 없어졌다. 그러자 사무라이들의 불만을 밖으로 돌리기 위해서라도 조선과 전쟁을 일으켜야 한다는 '정한론'이 대두되었다. 정한론을 주장했던 사이고는 자신의 주장이 받아들여지지 않자 관직에서 물러나 가고시마로 낙향했다.

사무라이들은 사이고를 앞세워 반란을 일으켰지만 진압당했고 사

1 가고시마를 대표하는 유리공예 특산품 사쓰마 기리코.
2 가고시마 어디서나 볼 수 있는 사이고 다카모리 캐릭터.

가고시마 시내 포장마차 골목.

이고는 자결했다. 이로써 사무라이 시대는 완전히 막을 내렸다. 서남전쟁은 일본의 마지막 내전으로 일본인끼리 싸운 마지막 전쟁이다. 사쓰마 병사와 정부의 병사를 합쳐서 1만 2,000명 정도가 사망했다. 서남전쟁 이후 일본은 근대화에 성공했지만 이는 곧장 우리나라의 비극으로 이어졌다. 이곳에서는 메이지 유신 이후 급속도로 전개된 일본의 근대화를 일목요연하게 볼 수 있는데, 한편으로는 씁쓸한 생각이 들었다. 저녁에 가고시마 시내로 향했다. 포장마차 골목이 눈에 띄었다.

20여 개의 작은 일본식 선술집 포장마차가 모여 있었다. 포장마차는 네다섯 명이 들어가면 꽉 찰 정도로 좁았다.

저녁이면 직장인들이 어깨를 부대끼며 이곳에서 하루의 피로를 푼다. 흑돼지찜 같은 가고시마의 토속음식을 맛보면서 말이다. 좁은 선술집에서는 누구나 쉽게 말동무가 되기에 어느 누구와도 편하게 만나 대화할 수 있다. 맛있는 음식과 재미있는 대화로 무척이나 유쾌한 저녁을 보냈다.

신과 인간이 공존하는 땅, 야쿠시마섬

아침 일찍 가고시마 중앙 어시장에 갔다. 가고시마 인근 바다에서 잡은 해산물을 도매로 판매하는 곳이다. 한쪽에서 경매가 진행되고 있었는데 낙찰이 되면 생선 몸통 위에 자기 가게 상호가 적힌 종이를 없는다. 생선들은 대부분 순식간에 다 팔렸다. 따뜻한 남쪽 바다여서인지 한국에서는 자주 볼 수 없는 색다른 해산물이 많았다.

어시장의 주인공은 뭐니 뭐니 해도 단연 참치다. 사람 키보다 훨씬 큰 새치를 비롯해 거의 모든 종류의 참치를 볼 수 있었다. 마침 방금 들여온 참치의 일종인 날개다랑어를 해체하는 장면을 볼 수 있었다. 얼리지 않은 것이어서인지 살이 무척이나 탄력 있고 부드러워 보였다. 회를 뜨는 방향에 따라 부드러운 정도가 다르다고 한다. 방금 썬 날개다랑어를 시식해보니 그런지 식감이 부드럽고 맛이 고소했다.

시장을 나와 유네스코 세계자연유산인 야쿠시마섬에 가기 위해 쾌속정을 탔다. 가고시마에서 약 135킬로미터 떨어져 있는 야쿠시마까지 가는 데는 쾌속정으로 두 시간 정도 걸린다. 출발할 때는 날씨가 화창했는데 야쿠시마 항구에는 비가 주룩주룩 내리고 있었다. 야쿠시마는 생태계의 보고로 잘 알려져 있다. 특히 일본에서 원시림이 가장 잘 보존된 신비의 섬으로 꼽힌다.

유네스코 세계자연유산으로 지정된 숲속으로 들어갔다. 숲길을 지나는데 갑자기 사슴이 나타났다. 야쿠시마의 사슴은 육지 사슴보다 몸집이 작고 다리가 짧다. 숲속으로 좀 더 들어가자 원숭이가 보였다. 태어난 지 얼마 안 된 새끼 원숭이들이 많았다. 야쿠시마에는 사람이 2만, 사슴이 2만, 원숭이가 2만이라고 할 정도로 사슴과 원숭이들의 천국이다. 원숭이들은 사람을 전혀 두려워하지 않았다. 오히려 사람들이 잘못 다가갔다가는 봉변을 당할 수 있다고 한다. 인간은 대자연의

1   2
─   ─
3   4

1   가고시마에서 야쿠시마섬으로 향하는 쾌속정.
2   가고시마 중앙 어시장의 주인공 참치.
3. 4 유네스코 세계자연유산으로 지정된 야쿠시마섬의
     숲은 사슴과 원숭이의 천국이다.

숲 전체가 푸른 이끼로 덮인 야쿠시마 삼나무 원시림.

지배자가 아니라 일원일 뿐이라는 평범한 사실을 숲에서 다시 한 번 실감했다.

다음날 다행히도 날이 화창하게 갰다. 삼나무 원시림을 보기 위해 시라타니운스이 계곡을 따라 산행길에 올랐다. 야쿠시마섬에는 1년 중 366일이 비가 내린다고 할 정도로 비가 많이 온다. 그로 인해 1년 내내 계곡에 맑은 물이 흐른다. 물은 무척이나 맑고 깨끗하다. 식수로 마실 수도 있어서 산에 오를 땐 물을 따로 준비하지 않아도 된단다.

비가 많이 오는 야쿠시마는 푸른 이끼가 숲 전체를 뒤덮고 있는 이끼의 천국이다. 지역 가이드의 말에 따르면 일본에 이끼는 1,800종 정도가 있는데, 현재 야쿠시마에 620종이 있는 것으로 확인되었고 앞으로 종류가 점점 더 늘어날 거라고 한다.

등산객이 작은 인형을 이끼에 올려놓고 사진을 찍고 있다. 애니메이션 〈원령공주〉의 숲속 요정 인형이다. 야쿠시마는 〈원령공주〉의 배경이 된 곳이다. 미야자키 하야오 감독은 1980년대 시라타니운스이 계곡에 왔다가 영감을 얻어 〈원령공주〉를 구상했다고 한다. 산을 올라갈수록 삼나무 숲은 점점 더 울창해진다. 삼나무들은 수백 년에서 많게는 수천 년이나 나이를 먹었다. 숲속에 있으니 시간을 거슬러 원시의 자연으로 돌아간 듯한 느낌이 들었다.

가파른 경사를 지나자 드디어 산 정상이 나왔다. 눈 아래 펼쳐진 야쿠시마숲의 장엄한 풍경에 잠시 말을 잃었다. 왜 야쿠시마를 신과 인간이 공존하는 땅이라고 하는지 눈으로 직접 보니 이해가 됐다.

검은 모래로 찜질하는 이부스키 온천

가고시마 남부의 이부스키로 향했다. 가고시마의 후지산이라 불리는 가이몬다케산 옆에는 일본 열도의 최남단 역 니시오야마역이 있다.

사람들이 이부스키를 찾는 진짜 이유는 온천 때문이다. 이곳은 검은 모래 찜질 온천으로 유명하다. 바닷가에 있는 온천에 검은 모래로 몸을 덮고 모래 찜질을 하는 사람들을 볼 수 있다. 바다의 검은 모래는 후끈거릴 정도로 뜨겁다. 이것은 세계적으로 드문 자연현상이다.

온천의 부지배인은 높은 지대에서 나오는 100도의 온천수를 해안까지 끌어와 찜질에 적당한 50~60도로 데워진 모래를 손님들에게 덮어준다고 했다. 위쪽으로 올라가보니 정말로 펄펄 끓는 온천물이 나오고 있었다. 자칫하면 델 수 있기 때문에 접근할 수는 없었다. 화산의 땅속 열원에서 뜨겁게 데워진 물이 바다로 스며들어가 모래를 데우고 이 모래로 찜질을 하는 것이다.

화산지대인 이부스키는 일본에서도 대표적인 온천 관광지로 꼽힌다. 전통 온천장에서는 일본의 코스요리인 가이세키를 맛볼 수 있다. 샛줄멸회와 흑돼지찜 같은 가고시마 특산요리를 먹었는데 입과 눈이 모두 즐거웠다. 따뜻한 온천물에 몸을 담그고 여행의 피로를 잠시 잊었다.

즐거운 오하라 축제

다시 가고시마로 돌아와 퇴근 시간 무렵 중심부 상가인 덴몬칸으로 갔다. 한 건물 안에서 사람들이 전통 옷을 입고 무용 연습을 하고 있다. 이날 저녁부터 이틀간 열리는 축제에 참가하는 사람들이라고 한다. 축제에 참가하기 위해 전국에서 모인 고등학교 동창생들이 있다. 그중에는 연로한 분들도 많았다. 최고령은 도쿄에서 춤을 추러 온 84세 할아버지였다. 84세라는 나이가 무색하게 춤사위가 무척 힘차 보였다.

저녁이 되자 오하라 축제 전야제가 시작됐다. 군악기를 비롯해 타악

1　　이부스키의 검은 모래 찜질 온천.
2　　화산지대인 이부스키는 일본의 대표적인 온천 관광지다.
3　　여행의 피로를 풀어주는 따뜻한 온천물.

기 공연이 한창이다. 일본의 전통 현악기 사미센 연주에 맞춰 춤추는 사람들도 있다. 오하라 축제는 매년 11월 2일과 3일 이틀간 가고시마에서 열린다. 5월에는 도쿄 시부야에서도 열린다. 가고시마의 전통 민요에 맞춰 춤을 추는데 전통 옷을 입은 수만 명의 사람들이 동시에 춤을 추는 모습이 장관이다.

일본 각 지역의 단체와 기업 등 다양한 남녀노소가 참가할 수 있다는 것이 오하라 축제의 매력 중 하나라고 한다. 미스 가고시마도 축제에서 만날 수 있었다. 오하라 축제는 일본에서도 주민들이 가장 광범위하게 참여하는 축제로 알려져 있다.

다음날 본격적으로 축제가 시작됐다. 전날 밤보다 더 많은 2만 5,000명이 참가했다. 오하라 축제는 태평양전쟁 발발로 없어졌다가 종전 후 침체된 분위기를 바꿔보기 위해 다시 시작됐다. 이후 축제가 지역의 정체성을 유지하는 큰 힘이 되고 있다고 한다. 가고시마 사람들은 오하라 축제가 서일본 지역에서도 큰 규모의 축제이기에 자긍심을 갖고 즐겁게 연습하며 매년 다음 축제를 기대한다.

재미있게 분장을 하고 나오는 사람들도 많았다. 한 할머니들은 알프스의 하이디로 변신했고 철도청 여승무원들은 단정하게 유니폼을 입고 나왔다.

축제 하면 역시 먹거리를 빼놓을 수 없다. 먹거리 판매대 중에서도 사람들이 가장 많이 몰려 있는 곳이 있어 가봤더니 소주를 파는 곳이었다. 가고시마는 소주의 본고장이라고 하는데 저마다 큼직한 소주

1
—
2

1   남녀노소 누구나 참가하는 오하라 축제 전야제.
2   알프스 소녀 하이디로 변신한 참가자들.

전통 방식으로 소주를 만드는 가고시마 양조장.

잔을 들고 맛있게 음미하며 마시는 모습이 재밌다. 어딘가 모르게 단
맛이 나는 고구마 술도 있었다.

옛날 전통 방식으로 소주를 만드는 곳이 있어 찾아가봤다. 커다란
항아리에서 탁주를 발효시키는데 구수하면서도 향긋한 술 냄새가 양
조장에 가득하다. 가고시마는 고구마의 본고장이라 쌀에 고구마를 섞
어 소주를 만든다. 익힌 탁주를 나무로 만든 통에서 증류시키면 알코
올이 나오는데 이것이 소주 원액이다.

양조장 관장은 주원료의 특징이 잘 나타나는 것이 증류주의 장점
이라고 했다. 고구마 향이 좋은 것과 단맛도 그 때문이다. 감미료를 넣
지 않은 고구마 소주 맛이 부드럽고 은은하다.

고시키지마 해안 절벽의 나폴레옹 바위

가고시마에서 차로 1시간 거리에 있는 미나미사쓰마 지역은 주변 경관이 아름다워 자전거 애호가들이 많이 찾는 곳이다. 11월인데도 들판에 해바라기와 코스모스가 가득 피어 있다. 꽃밭에는 누군가 익살맞은 허수아비들을 세워놨다. 사람들을 따라 시골마을에 들어가니 1950~1960년대 지어진 집들이 그대로 남아 있다. 참 정겨운 풍경이다. 자전거 코스는 일본인의 생활과 마음을 느끼며 농사짓는 사람들과 이야기도 나눌 수 있도록 짜여 있다.

가고시마 여행의 마지막 여정으로 배를 타고 섬마을에 가보기로 했다. 고시키지마섬은 가고시마 남서쪽 바다에 있는데 본토에서 약 40여 킬로미터 떨어져 있다. 항구를 출발한 지 1시간 10분 후 배는 고시키지마에 도착했다. 세 개의 섬으로 이루어진 고시키지마는 인구 5,600여 명 규모의 조용한 섬이다. 여기서는 모래톱이 쌓여 호수를 만든 4킬로미터에 달하는 사주를 비롯해 희귀한 자연현상을 많이 볼 수 있다.

쾌속정을 타고 해안가로 나갔다. 얼마 후 깎아지른 듯한 해안 절벽(고시키지마 단애)이 드러났다. 8,000만 년 전 백악기에 형성된 기암괴석들이 창조주의 조각품 전시장이라 할만하다. 학이 날개를 펴고 날아오르는 것처럼 보이는 학동굴 바위는 튀어나온 부분이 부리 끝처럼 보인다. 두 손을 모으고 기도를 하는 것 같아 보이는 합장 바위도 있다.

작은 암초들이 나란히 늘어서 있는 금산해안은 마치 한 폭의 동양

고시키지마섬 주변의 기암괴석들.

화 같다. 이곳에서 가장 유명한 것은 바로 나폴레옹 바위다. 짧게 깎은 머리며 날카로운 매부리코가 영락없이 나폴레옹을 닮았다. 나폴레옹 바위는 한 쪽에선 무척 강인하고 거만해 보이지만 다른 쪽에서 보면 눈물을 흘리고 있는 것처럼 보인다. 마치 권력의 무상함을 말해 주고 있는 듯이 말이다.

고시키지마는 바다 낚시터로 유명한 곳이라 고기들이 헤엄치는 것을 눈앞에서 쉽게 볼 수 있었다. 어부들이 고기잡이를 마치고 돌아온 어선에서 생선을 분류하고 있다. 큼직한 빨간 새우와 흰다리새우, 볼락과 쏨뱅이가 잡혔다. 고급 어종인 눈볼대도 있었다. 눈볼대는 '목이 검은 농어'라는 뜻의 노도구로라고도 불리는데 입 안쪽이 검어서 붙

금산해안에서 가장 유명한 나폴레옹 바위.

여진 이름이라고 한다. 한 마리에 3만~4만 원 정도다.

고깃배를 가장 반기는 것은 바로 매들이다. 고시키지마의 해안에는 매들이 많이 서식한다. 어부들이 잔고기를 바다에 던져주면 매 떼가 몰려와 고기를 낚아채는 진풍경이 펼쳐지는데 매들이 식사를 하는 동안 갈매기들은 얼씬도 하지 않는다.

누가 쫓아내기라도 한 듯 갈매기가 한 마리도 보이지 않는 광경을 보니 자연의 작은 질서가 느껴진다.

자갈 아트와 천연소금

해질 무렵 섬마을 해안가에 갔더니 할머니 두 분이 자갈을 줍는 데 열중하고 있다. 신기하게도 자갈이 기계로 다듬은 것처럼 매끈하다. 돌을 고르던 할머니 두 분을 따라 마을회관에 들어갔다. 할머니들이 모여 돌에 그림을 그리고 있었다. 고시키지마에서 나는 매끈한 돌에 그림을 그리는 자갈 아트다. 물감으로 색칠을 하고 말린 후에 스티커를 붙이고 유약을 뿌리면 자갈 아트가 완성된다. 할머니들이 직접 도안을 그려서 만든 자갈 아트는 소박하지만 이제는 꽤 알려진 기념품이 됐다. 할머니들이 옹기종기 재밌게 사시는 것 같아 보기 좋았다.

돌담이 예쁜 마을이 있어 들어가봤다. 집집마다 나지막한 돌담에 소철나무나 귤나무를 심어놓았다. 섬은 육지보다 더 따뜻해서 11월 중순인데도 학교 운동장엔 잔디가 파랗고 아빠와 아이들은 짧은 옷을 입고 공을 차며 놀고 있다.

다시 길을 가다보니 소금 만드는 집이 눈에 띄었다. 가고시마시에서 직장생활을 하던 아들이 아버지의 가업을 물려받아 소금을 만들고 있었다. 귀향해 산에서 나무를 베고 장작을 패는 일이 처음에는 체력적으로 힘들었지만 이젠 익숙해졌다고 한다. 최고의 소금을 만들겠다는 젊은이의 장인정신이 무척 인상적이었다. 바닷물을 장작불에 끓이는 전통 방식으로 소금을 만드는데, 이 섬에서 이렇게 소금을 만드는 집은 두 군데밖에 남지 않았다고 한다. 건진 소금은 깔때기 모양 바구

섬마을 해안가에 있는 매끈한 자갈과 그 돌에 그림을 그린 자갈 아트.

규슈 남부의 전통 악기 '곳탄'을 연주하는 사람들.

니에 넣어 간수를 빼낸다. 결정이 엄지 손톱만 한 크리스탈 소금도 전통 방식으로만 만들 수 있다. 깨끗한 상태에서 결정체를 키워서 만들며 장작불이 아닌 보일러로는 절대 만들 수가 없다고 한다.

저녁 무렵 마을을 지나는데 음악 소리가 들렸다. 사람들의 악기 연주 소리에 발걸음이 멈췄다. '곳탄'이라는 규슈 남부의 전통 악기로 마을 사람 20여 명이 연습하고 있었는데 이들은 매년 이렇게 연주 실력을 닦아 공연을 한다고 한다. 구슬픈 가락의 민요가 가슴을 울렸다.

이 섬에는 고등학교가 없기 때문에 중학교를 졸업하면 아이들이 섬 밖으로 나가 하숙을 하면서 고등학교에 다녀야만 한다. 대학에 진학하거나 취직을 하면 섬으로 다시 돌아오기 힘들다. 그래서 훗날 섬을

잊어버리지 않기를, 언젠가 섬으로 돌아오기를 바라는 마음을 노래에
담았다고 한다.

섬사람아

섬사람아 다시 한 번 이 바다에서 작은 배를 저어보지 않을래?
섬사람아 언제까지나 태어난 섬을 잊지 말아줘
섬사람아 언제까지나 태어난 섬을 잊지 말아줘

이제 섬을 떠날 때가 됐다. 섬사람들은 배가 안 보일 때까지 손을
흔들어줬다. 작별인사를 하며 남쪽나라 가고시마에서의 아쉬운 여정
을 마쳤다.

맛으로 떠나는
일본 3대 우동 기행

백승철

젤리처럼 부드러운 '사누키 우동'

———

사누키 우동의 본고장은 가가와현 다카마쓰다. 가가와의 옛 지명은 사누키다. 사누키 우동은 사누키 지역의 우동이란 뜻이다. 이 지역에서 우동이 발달하게 된 것은 강수량이 적어 밀재배가 성행했고 다시물의 재료인 멸치가 풍부하게 잡혀 우동 만들기에 최적지였기 때문이다. 현재 850여 개의 우동집이 영업할 만큼 지역 자체가 우동의 왕국이다. 그래서 우동과 관련된 명물들이 많이 있다.

우동 관련 자격증을 가진 기사가 운전하는 우동택시도 그중 하나다. 우동자격증은 우동과 가가와현의 다양한 우동집이 가진 특징을 필기시험과 우동을

실제로 만들어보는 실기시험을 통과해야 딸 수 있다. 관광객들은 자격증을 딴 기사가 운전하는 우동택시를 타면 우동과 관련된 다양한 정보를 들을 수 있다.

1,200여 년 전 밀과 국수 만드는 법을 일본으로 들여온 고보弘法대사는 가가와 젠쓰지에서 태어났다. 고보대사는 서른 살 때 중국 장안의 청룡사로 수행을 갔다가 면 제조법을 배워왔다. 그래서 젠쓰지는 우동의 발상지로 불린다. 젠쓰지는 일본 최대 종파인 진언종의 총본산이

기도 하다. 조즈산 중턱에 코토히라궁이 있다. 누군가 약 300년 전 코토히라궁으로 가는 계단에 있는 상점에서 처음으로 우동을 팔기 시작했다고 한다.

무라카미 하루키 추천 식당

——

이번 여행에서 꼭 가보고 싶었던 나카무라 우동집에 도착했다. 소설가 무라카미 하루키가 그의 우동 순례기에서 다시 방문하고 싶은 곳으로 꼽은 유일한 우동집이다. 지금은 아버지를 이어 아들이 우동을 만들고 있다. 아들은 무라카미 하루키가 왔을 당시 학생이어서 그를 알아보지 못했지만, 그가 책에 우동집을 소개해준 덕분에 손님이 전보다 많이 늘었다고 한다. 무라카미 하루키는 부드러우면서도 쫄깃한 면발을 나카무라 우동집의 특징으로 꼽았다. 그때나 지금이나 면을 삶는 과정은 안주인의 몫이다.

안주인은 면에 대한 흥미로운 이야기를 해줬다. 손의 감각만으로 면의 상태를 느낀다는 것이다. 30년 동안 면을 만져서 매일매일 다른 면의 차이를 감지한다. 기온에 따라서도 다르고 여름과 겨울, 계절에 따라서도 미묘하게 다르다고 한다. 소금의 간 때문인지 젤리 같은 부드러운 식감과 끊어지지 않는 면발이 일품이다. 사누키 우동의 쫄깃함은 딱딱한 쫄깃함이 아니라 탄력성이 있는 쫄깃함이라 한 번 먹으면 잊히지 않는다. 일본에서 처음 먹어보는 사누키 우동은 면발이 젤리 같다는 주인의 표현 그대로였다.

면발의 쫄깃함을 제대로 느끼려면 따뜻한 육수를 살짝 부어먹는 가케우동이 제격이다. 가케우동은 잘게 썬 파를 고명으로 올린다.

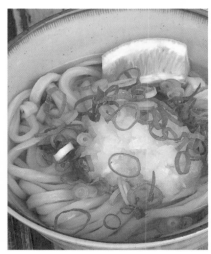

우동의 맛을 잊지 못해 고향을 찾은 사람들은 꼭 나카무라 우동집을 찾는다. 한 할머니가 도쿄에서 일하고 있는 손녀와 이 우동집에 왔다. 도쿄에서는 맛볼 수 없는 부드러운 맛이라 손녀가 돌아가기 전에 항상 이곳에 들러 우동을 먹고 간다고 한다.

반죽을 발로 밟는 족타

우동의 본고장인 만큼 가가와 지역에는 다양한 형태의 우동집이 있다. 이번에 찾은 집은 소규모의 미야카와 제면소다. 마침 한창 반죽을 만들고 있었다. 이곳에서는 특이하게도 면의 쫄깃함을 더하기 위해 반죽을 발로 밟는 족타을 한다. 반죽을 기계로 하는 것과 사람이 발로 밟아서 하는 것은 맛에서 큰 차이가 난다고 한다. 발로 밟으면 정성이 더 들어가냐고 물으니 주인 할머니는 의외의 재밌는 답을 한다.

"품을 들이는 만큼 우동이 귀여워지잖아요. 내 입장에서는 자식 같은 것이니까요."

귀여운 면의 맛을 배가시켜줄 미야카와 제면소 집만의 비법은 바로 앞바다에서 잡히는 멸치로 푹 우려낸 국물이다. 진한 우동 국물 맛을 보기 위해 전국에서 사람들이 이곳을 찾고 있다. 가고시마에서 온 손님은 우동을 먹으러 10시간 차를 타고 왔다. 멸치 맛이 잘 우러나고 약간 짠 듯한 면의 맛이 다른 우동집과의 차별점이라고 말한다.

이 집은 손님들이 직접 우동을 만들어 먹는다. 먹고 싶은 만큼 면을 집어

2~3분 정도 뜨거운 물에 잠깐 불린다. 그리고 불린 면에 비법 육수를 넣어 먹으면 되는데, 할머니 집에 놀러와 국수를 만들어 먹는 것 같은 기분이다. 소박하고 단출한 상차림이지만 언제나 먹고 싶은 엄마표 밥이 생각나는 우동이다.

우동 기행의 볼거리,
간카케이 계곡과 엔젤로드

먹은 우동도 소화시킬 겸 배를 타고 인근 섬을 둘러보기로 했다. 다카마쓰에서 1시간 반 걸려 도착한 곳은 작은 콩의 섬이란 뜻의 쇼도지마이다. 작은 섬이지만 좋은 풍경을 볼 수 있는 곳이 여럿 있다. 케이블카를 타면 그중 최고로 꼽히는 풍경을 볼 수 있다.

간카케이 계곡은 일본에서도 아름다운 계곡으로 손꼽히는 곳이다. 화산활동 이후 오랜 시간 지각변동과 침식작용을 거쳐 만들어진 기암절벽이 눈길을 사로잡는다. 언제 와도 아름다운 풍경이지만 특히 산을 태울 듯 붉게 물든 가을 단풍의 모습이 그중 최고라고 한다. 케이블카 안에서 풍경을 감상하다 보니 5분이라는 시간이 정말 눈 깜짝할 사이에 지나가버렸다.

엔젤로드를 만나기 위해 바다로 향했다. 이곳은 조수간만의 차 때문에 하루 2번 섬으로 가는 바닷길이 열린다. 수많은 연인들이 사랑을 확인하기 위해 엔젤로드를 찾는다고 한다. 엔젤로드를 함께 걸으며 결혼을 약속한 커플을 만났다. 서로를 소중하게 아끼고 사랑하는 마음이 변치 않기를 바란다.

1 2
3 4

1   면의 쫄깃함을 더하기 위해 반죽을 발로 밟는 족탁.

2   소박하고 단출한 엄마표 밥이 생각나는 우동.

3   손님들이 직접 우동을 만들어 먹는 미야카와 제면소.

4   멸치맛이 잘 우러나고 약간 짠 맛이 특징인 미야카와 우동.

5   엔젤로드를 찾은 사랑의 약속들.

6   아름다운 계곡으로 손꼽히는 간카케이 계곡의 기암절벽.

7   사랑을 확인하기 위해 많은 연인들이 찾는 엔젤로드.

쫄깃하고 손맛이 진한 '가마타마 우동'

————

다음날 아침을 먹으러 숙소 근처 야마고에 우동집을 찾았다. 가마타마 우동의 원조답게 아침 9시부터 손님들이 길게 늘어서 있었다. 우동을 준비하는 이들의 손길도 분주하다. 직원에게 추천 메뉴를 물으니 역시 이곳에서 처음 만들어진 가마타마 우동을 권한다.

　가마타마 우동은 가마솥에서 막 건져낸 면을 간장 소스와 날계란에 비벼먹는 우동이다. 처음 먹어보는 우동인데 과연 어떤 맛일까? 계란이 면을 부드럽게 감싸 첫 느낌은 부드럽지만 씹을수록 면의 쫄깃함이 느껴진다. 사누키 우동의 쫄깃함을 부담 없이 즐기고 싶은 사람들에게 권해주고 싶은 우동이다.

면발에서 손맛이 강하게 느껴진다. 체인점 우동보다 면의 두께가 균일하고 탄력이 있다.

육수향이 일품인 '가마아게 우동'

————

아침을 먹고 시내로 이동했다. 우동현의 또 다른 명물, 우동버스를 타기 위해서다. 주로 우동투어를 처음 시작하는 관광객들이 우동버스를 많이 이용한다. 한 번 도는 투어가 오전 코스와 오후 코스로 나뉘어 있고 대체로 3시간씩 걸린다.

이용금액은 1만 원 정도인데, 짧은 시
간에 두 곳의 검증된 우동집을 방문할
수 있다는 점을 생각하면 그리 비싼 가
격은 아닌 것 같다. 한 우동가게에서 보
낼 수 있는 시간은 30분 남짓이다. 최대
한 빨리 주문해서 먹어야 한다. 우동버
스는 가마아게 우동 전문점 와라야(초가
집이라는 뜻)에서 손님들을 내려줬다. 이
곳에서는 가마아게 우동 이외에도 자루,
붓가케, 소유 우동 등이 인기 메뉴라고

한다. 가이드의 추천대로 가마아게 우동을 시켰다. 그릇에 육수를 부은 후 생
강을 갈아넣고 거기에 우동을 살짝 적셔 먹는다. 면도 면이지만 깔끔한 육수
의 향이 일품이다.

차가운 면에 고명은 얹은 '붓가케 우동'

먹은 우동이 채 소화되기도 전에 찾은 또 다른 우동집은 방에서 아름다운 정
원을 보며 우동을 먹을 수 있는 곳으로 야마다야 본점이다. 이 집의 대표 메
뉴인 붓가케 우동은 차가운 면에 각종 고명을 얹어 간장소스와 비벼 먹는 것
으로 면이 소스에 비벼지는 소리마저도 맛있게 들린다. 우동을 먹는 한국인

관광객을 만났다. 한국에서는 우동 국물이랑 같이 먹으니까 면보다는 국물이 맛있다고 느끼는데 일본은 우동의 본고장이라서 그런지 면발의 맛과 식감이 확실히 다르다고 말한다.

우동투어를 마치고 돌아오는 길에 가이드에게 뜻밖의 선물로 우동여권을 받았다. 우동여권을 사용하면 가가와현의 다양한 관광지에서 할인을 받을 수 있다.

나가노 우동학교

가가와를 떠나기 전 마지막으로 찾은 곳은 이름도 생소한 나가노 우동학교다. 45분 동안 사누키 우동을 직접 만들어보는 과정인데 진지한 체험이라기보다는 음악에 맞춰 춤을 추고 놀이처럼 즐기며 우동을 만든다. 우동을 만들며 일본 문화도 경험할 수 있어 유익하다. 서툰 솜씨지만 직접 우동을 만들다보면 사누키 우동에 대한 소중한 추억이 생긴다. 면의 탄력을 느끼며 재밌게

만든 면을 맛있게 끓여 먹으면 우동학교를
졸업한다. 비록 만든 면이 우동이 아니라
칼국수가 됐지만 우동학교 졸업장은 무사
히 받았다.

우동 기행의 볼거리 나마하게

사누키 우동을 졸업하고 다른 우동을 만
나러 간다. 아키타현의 이나니와 우동이다.
아키타현은 전체의 80퍼센트가 산으로 둘
러싸인 곳으로 겨울이면 이동이 힘들 정도
로 눈이 많이 내리지만 여름의 아키타는
풍경이 시원하고 참 푸르다. 간푸산 전망대
에서 내려오는 길에 글라이더 조종기를 든
사람들이 보인다. 모터나 엔진 없이 순전히
바람을 이용해 전망 좋은 곳에서 글라이더
를 날리며 거기에 스트레스를 실어 날리는
그들의 여유가 부러웠다.

　전망대에서 다음 목적지로 향하는 길에
커다란 두 개의 도깨비가 서 있다. 아키타
의 수호신 나마하게다. 나마하게는 아키타

의 생활문화와 밀접한 관련이 있다. 아키타에서는 나마하게를 신의 사자로 모시며 매년 정월 풍년을 기원하는 축제를 연다고 한다.

신잔 신사는 나마하게의 발생지로 매년 1월 3일 나마하게 축제가 열리는 곳이다. 축제 때는 아니지만 다행히 나마하게 전승관에서 그것을 재연하는 공연을 볼 수 있었다. 나마하게는 등장부터 요란해서 공연이 시작되자마자 사람들이 혼비백산한다. 나마하게라는 이름은 겨울철 게으름을 피우며 불가에 앉아 있으면 생겨나는 버짐인 나모미를 뜯어낸다는 뜻의 나모미오하구에서 생겨난 말이다. 이름답게 나마하게는 들어오자마자 게으름뱅이를 찾으러 온 집안을 돌아다닌다. 나마하게 풍습에는 부지런해야 살 수 있었던 척박한 시절, 게으름을 최악으로 여긴 아키타의 생활모습이 담겨 있다.

어느덧 해가 질 시간이 되어 전승관 인근의 뉴토자키를 찾았다. 뉴토자키는 아키타 오가반도 끝에 위치해 있는 해안절벽으로 석양을 보기 위해 많은 사람들이 찾는 곳이다. 석양을 보니 마음이 따뜻해진다.

완전 건조 면으로 만든 '이나니와 우동'
——

이나니와 우동을 찾아 서둘러 길을 나섰다. 이나니와 우동은 1860년 창업한 158년 전통의 우동집인 사토요스케에서 만날 수 있다. 과연 어떤 우동이길래 일본 2대 우동으로 인정받은 것일까? 이 집은 면 제조과정을 일반인에게 공개하는데 과정을 천천히 따라가면 우동의 차별성이 드러난다. 먼저 잘 숙성된 반죽을 길게 늘인 후 긴 막대기에 엇갈려 꼬는 데모미 과정을 거친다. 그 후

롤러로 반죽을 얇게 만들고 길게 늘여 건조하는 과정을 거치는데 총 3일이 걸린다고 한다. 그 과정을 거치고 나면 드러나는 이나니와 우동만의 특징, 바로 완전 건조된 면을 사용하는 것이다.

이나니와 우동은 약 350년 전에 만들어졌다고 알려져 있다. 아키타 지역에서 만들어진 이유는 눈이 많이 내렸던 고장이라 예전엔 눈 때문에 왕래가 자유롭지 못한 점이 작용했던 것 같다. 당연히 보존이 편리한 음식이 필요했을 것이고 그래서 건조된 이나니와 우동이 탄생한 것이다. 눈이 많은 아키타의 특수성이 오늘날 이나니와 우동을 존재하게 했다.

지금은 많은 사람들이 즐기는 우동이지만 예전에는 아무나 접하기 힘든 귀한 우동이었다고 한다. 예전에는 일자상전一子相傳이라고 해서 한 후계자에게만 우동 만드는 기술을 전수했기 때문이다. '사토요스케' '이나니와키치자에몬' 두 가문에서 우동을 만들었는데 만드는 양이 무척 적어 서민들은 우동을 먹을 수 없었다. 전통 있는 귀족 가문, 즉 소수에게만 허락된 우동이었다.

당시 군주가 두 가문의 면만을 이나니와 우동으로 인정하면서 희소성이 더 커졌는데 사토요스케 우동집 7대 사장이 지역발전을 위해 기술을 다른 사람들에게 알려주면서 많은 사람들이 이나니와 우동을 먹을 수 있게 됐다고 한다.

귀한 이나니와 우동의 맛은 어떨까? 대표 메뉴를 추천받아 주문했다. 면발이 참하게 빗어 넘긴 머릿결 같은 이나니와 우동은 사누키 우동에 비해 면이 가늘고 윤기가 흐른다. 이 면을 쯔유와 참깨된장소스에 살짝 찍어 먹는다. 특히 '노도고시'라는 부드러운 면의 목 넘김을 즐기는 것이 제대로 먹는 포인트다. 면이 매끈매끈 해서 더운 여름에 먹기가 더 좋다.

5   6
—
7

1   아키타의 수호신 나마하게.

2   나마하게 전승관.

3   나마하게의 유래를 공연으로 보여준다.

4   석양을 보러오는 곳, 뉴토자키

5   면을 길게 늘여 건조하는 이나니와 우동.

6   일본 2대 이나니와 우동집 사토요스케

7   면이 가늘고 윤기가 흐르는 이나니와 우동은 쯔유와
      참깨된장소스에 찍어 먹는다.

우동 기행의 볼거리 온천마을 구사츠

일본에서 수심이 가장 깊은 호수로 유명한 그림 같은 풍경의 다자와 호수를 찾았다. 호숫가에는 다츠코라는 여인의 동상이 있다. 그녀는 아름다움을 영원히 간직하기 위해 호수 물을 먹고 호수를 지키는 용이 됐다고 한다. 그녀 때문일까? 호수는 아름다움을 유지하며 겨울에도 절대 얼지 않는다고 한다.

다자와 호수를 마지막으로 아키타현을 떠나 미즈사와 우동의 고장 군마현으로 향했다. 군마현은 예로부터 물이 좋기로 소문난 지역이다. 그래서 나는 일본인들이 가장 좋아하는 온천인 구사츠를 제일 먼저 찾았다. 이곳의 최고 명물은 마을 광장에 있는 온천밭 유바다케다. 섭씨 50도 이상의 온천수가 7

개의 온천밭을 거치면서 식혀진다. 원천에서 나온 분당 약 3만 2,000리터의 온천수가 이곳을 거쳐 인근 숙박시설들로 보내진다고 한다. 사람들은 온천밭의 독특한 풍광에 눈을 떼지 못한다.

온천마을 특유의 냄새가 좋다. 구사츠에 왔구나 하는 실감이 난다. 온천밭 이외에도 뜨거운 온천물을 식히는 구사츠만의 전통 방식이 있다. 좋은 온천수의 효능을 유지하면서 수온을 떨어뜨리기 위해 고안된 일본의 전통 방식인 유모미다. 유모미는 180센티미터의 나무판으로 온천수를 휘저어 입욕이 가능한 온도로 수온을 낮추는 방법이다. 유모미를 통해 온도를 낮추면 수질이 부드러워지는 효과가 있다고 한다. 이곳은 에도 시대부터 대중 목욕탕으로 운영되었고 그때 시작된 유모미쇼가 지금까지 이어지고 있다고 한다. 공연 후 관람객들이 유모미 체험을 해볼 수 있다고 해서 나도 나무판을 들고 물을 저어봤다. 다섯 번의 체험이면 유모미 자격증을 받을 수 있다.

맑은 약수로 만든 '미즈사와 우동'

이번 여정의 마지막 우동인 미즈사와 우동을 찾아갔다. 미즈사와는 '물의 연못'이라는 뜻이다. 오직 이곳의 물을 사용한 13곳의 우동집만이 '미즈사와 우동'이라는 이름을 사용할 수 있다고 한다. 따라서 미즈사 우동을 먹으려면 이 13개의 가게들이 길가로 죽 늘어선 미즈사와 우동거리로 가야 한다. 미즈사와 우동거리가 형성된 것은 인근의 미즈사와 사찰과 관련이 있다. 미즈사와 우동이 바로 미즈사와 사찰에서 시작됐기 때문이다. 추운 겨울 참배객들에게 맑은 약수로 만든 우동을 대접하면서 미즈사와 우동이 생겨났다. 지금도 13곳의 우동집들은 전통을 지키며 이곳의 물만 사용해 우동을 만든다고 한다. 500년 전통으로 물의 고향이 만들어낸 우동인 셈이다.

500년이 넘었다는 타마루야 우동집의 주방에 들어가봤다. 이 집만의 비법으로 한창 우동을 삶고 있었다. 큰 그릇에 뜨거운 물을 가득 담고 면이 춤추며 놀 듯 삶는 것이 맛있는 면발을 만드는 이 집만의 비결이다. 때에 따라 다

르지만 평균 12~13분 정도 면을 삶는다. 삶는 시간이 차이가 나는 이유는 반죽을 숙성시키는 시간이 다르기 때문이다. 날씨가 더울 때와 추울 때 숙성시간이 달라 면을 삶는 시간도 달라진다.

춤추며 놀 듯 잘 삶긴 면을 건져 가다랑어, 다시마, 소금으로만 만든 육수를 부어내면 보기만 해도 군침 도는 가케 우동이 만들어진다. 이 집은 일본에서 최초로 차갑게 식힌 우동을 만든 곳으로 유명하다. 그래서 나는 자루 우동을 선택했다. 처음 만나는 미즈사와 우동이다. 반죽할 때 물을 많이 넣어 부드러운 반죽을 만들고 그 반죽을 치대서 찰지게 한다. 반죽은 염분도 많고 숙성시간도 길다. 면이 딱딱하지 않고 씹는 이로 되돌아오는 탄력이 있는 것이 특징이다.

약수를 많이 넣어 만드는 방식도 특징이다. 내가 맛본 미즈사와 우동은 쫄깃함과 부드러움을 동시에 느낄 수 있는 맛이었다. 간사이 출신의 한 일본인은 사누키 우동이 익숙하지만 미즈사와 우동이 씹기가 편하고 목 넘김이 좋은 것 같다고 한다.

넓은 면이 고소한 '히모카와 우동'

군마에서만 맛볼 수 있는 우동이 있어 찾아갔지만, 아쉽게도 식당이 저녁에 문을 연다고 한다. 기다리는 동안 근처 오마마역에 있다는 독특한 기차를 타 보기로 했다. 과거 구리광산에서 광물을 옮기던 기차를 개조해서 만든 기차 라고 한다. 이름도 트럭열차다. 휴일을 맞아 가족 단위의 사람들로 가득하다. 눈앞에 펼쳐지는 풍경이 바람처럼 시원하고 아기자기한 폭포도 사람들을 반 겨준다. 기차 여행의 즐거움을 주는 우동집이 고맙기까지 하다.

기차가 터널로 들어가자 불빛이 펼쳐진다. 열차 운행 구간 중 가장 긴 5킬로 미터의 구사키 터널을 지날 때 제공되는 깜짝 이벤트다. 1만 2,000개의 작은 전구가 만들어내는 몽환적 풍경이 또 다 른 재미를 선물해준다.

어느덧 색다른 우동을 맛볼 시간이 가 까워졌다. 후루카와 우동집 문이 열리는 6시에 맞춰 히모카와 우동을 만나러 갔 다. 히모카와 우동은 물에 젖은 종이처 럼 납작하다. 넓은 면을 소스에 적셔 먹 으면 되는데 입에 넣자마자 밀의 고소함 이 입안에 퍼진다. 독특한 모양만큼이나 맛도 강렬하다. 특히 면의 쫄깃함은 사누 키 우동에 견줄 만하다.

우동 기행의 볼거리 오제 습지

미즈사와 우동의 핵심 재료는 군마현의 맑은 물이다. 나는 그 물이 만들어낸 또 하나의 걸작 오제 습지를 만나러 갔다. 1시간 정도 숲길을 걷다보면 오제를 상징하는 목도木道가 나온다. 숲이 하늘에 그려낸 그림 같은 모습이다. 소풍을 온 아이들이 걸어가다 '깊은 산이라 가끔 곰이 나타난다'는 안내문 앞에서 잠시 걸음을 멈춘다. 인솔자가 아이들에게 종을 쳐서 곰의 접근을 막는다고 설명해준다.

물파초 길을 20여 분 걸으니 어느새 눈앞으로 시원한 풍경이 펼쳐진다. 오제 습지에 도착했다. 오제 습지는 수만 년 전 화산폭발로 강이 막히고 그 위로 퇴적층이 쌓여 생성된 고원습지다. 물은 퇴적층이 천연 필터 역할을 해서인지 투명할 정도로 맑다. 맑은 물은 계절마다 다양한 생명을 키워낸다. 오제 습지의 풍경을 보니 내가 오제에 있다는 것이 행복했다.

황새풀을 보러 온 한 관광객은 물파초 철이 지났는데도 물파초를 볼 수 있었다며 신기해했다. 긴 장마철에 만난 행운을 기억하기 위해 사람들은 꽃 한 송이, 풀 한포기도 그냥 지나치지 않는다.

생명을 키워낸 깨끗한 물, 그 물로 만들어진 미즈사와 우동이 떠오른다. 왜 이 물로 만들어지는 우동만을 미즈사와 우동이라고 부르는지 오제에 와서 알게 됐다.

PART 2

걷　　고
쉬　　고
놀　　다

나 를　찾 는　자 유 의　시 간

규슈 올레는 제주 올레의 형제와
같은 길이다. 자연과 사람이
함께 가는 규슈 올레로 떠난다.

규슈
올레를 걷다

— 손병규

제주 올레를 닮은
규슈 올레

규슈 올레는 제주 올레의 형제와 같은 길이다. 제주 올레와의 업무협
약을 통해 2012년 첫 번째 규슈 올레코스를 개장한 이래 지금까지 15
개의 코스가 만들어졌다. 그 길에는 규슈 지방의 다채로운 풍경이 펼
쳐진다. 규슈 사람들이 살아가는 소박한 모습을 느끼며 흥겨운 가을축
제도 즐길 수 있다. 자연과 사람이 함께 가는 길, 규슈 올레로 떠난다.

　후쿠오카에서 50킬로미터 정도 떨어진 가라쓰시의 요부코항에서
여행을 시작했다. 요부코는 한때 고래잡이로 번성했지만 지금은 쇠락
한 작은 어촌마을이다. 그래도 요부코 어시장만큼은 일본 3대 새벽시
장으로 명맥을 이어오고 있다. 시장과 세월을 함께한 오래된 상인들
이 손님 맞을 준비를 한다. 할머니들은 생선을 손질하느라 분주하다.

규슈 본토와 가라쓰가 있는 가베섬을 연결하는 요부코 대교.

9시가 넘어서자 시장이 활기를 띠면서 사람들로 북적인다.

파는 물건은 채소에서 도자기 그릇까지 다양하지만 역시 수산물이 주를 이룬다. 그중에서도 요부코의 특산물인 오징어가 다양한 형태로 판매된다. 시장은 작은 어촌마을다운 소박한 정이 넘쳐난다.

요부코 대교를 건너 가베섬에 있는 전망대로 갔다. 요부코항과 이어진 요부코 대교가 내려다보인다. 비늘처럼 반짝이는 요부코 앞바다를 배 한 척이 헤쳐나온다. 이 바다를 건너가면 멀지 않은 곳에 우리나라 땅이 있다.

다시 요부코 대교를 건너 첫 번째 규슈 올레의 가라쓰 코스를 가기로 했다. 한 특산물 판매장의 주차장이 가라쓰 코스의 출발점이다.

지금은 흔적만 남은 나고야 성터.

조용한 숲속 오솔길로 들어섰다. 곳곳에 리본과 화살표로 표시를 해놓아 방향을 쉽게 찾아갈 수 있다. 주요 지점에는 말 모양의 '간세'라는 표식이 있다.

히젠 나고야 성터가 보인다. 도요토미 히데요시가 조선 침략을 위해 세웠던 성이다. 임진왜란 후 에도막부에서 허물어 지금은 그 흔적만 남아있다. 성터 한편에선 조심스럽게 발굴작업을 하고 있다. 그 옆이 천수각이 있던 자리다. 그곳에 서니 50만 평에 이르는 성의 윤곽이 내려다보인다. 에도막부는 지방 영주인 다이묘가 나고야성을 차지하지 못하게 허물었다고 한다. 성터에서도 앞쪽 바다가 훤히 보일 만큼 전략적 요충지다. 길은 성 아래 마을로 이어진다.

가라쓰 도자기 전시장.

　마을에 있는 가라쓰 도자기 전시장에서 쉬어가기로 했다. 입구에 한글로 규슈 올레 가라쓰 코스 휴게소, 가라쓰 도자기 제조소라고 써 있다. 실내로 들어가니 다양한 가라쓰 도자기들이 전시되어 있다. 가게 주인은 40년 넘게 도자기를 만들고 있지만 가라쓰 도자기의 전통은 훨씬 더 깊다고 말한다. 도요토미 히데요시가 임진왜란 때 조선의 도공들을 납치해 와서 처음 구웠던 도자기가 가라쓰 도자기다. 450년 전에 가라쓰에서 처음 만든 가라쓰 도자기를 볼 수 있었다. 가마에서 조선 도공들의 숨결이 시간과 공간을 넘어 전해지는 것 같았다.

　막바지 길 하토미사키 산책로에 도착했다. 길가의 코스모스가 지친 순례자를 응원한다. 다시 바다가 보인다. 시원한 바람이 땀과 피로를 날려버린다. 도착지점인 하토미사키 해수욕장이 눈앞에 펼쳐졌다. 해변에 다다르자 생각지 못한 석상들이 있었다. 바로 제주도의 돌하르방이다. 가라쓰시의 자매도시인 서귀포시에서 기증했다고 한다. 올레의 도착점에 잘 어울리는 상징물이다.

주차장에는 작은 실내 포장마차들이 늘어서 있다. 여기서는 지역의 남자 잠수부들이 직접 잡은 소라로 만든 소라구이 요리를 먹어야 한다. 소라껍질 안에 간장을 넣어 맛을 낸 요리다. 송곳으로 소라 살을 빼먹고 국물까지 마셨는데, 역시 맛있다. 소라를 먹는 동안 포장마차촌이 석양에 물든다. 해변에는 사람들이 떠나고 돌하르방만 바다를 지키고 있다. 규슈에서의 첫날이 저물어간다.

조선의 도공 이삼평을 찾아서

일본에 끌려온 조선 도공들의 이야기를 찾아 아리타로 향했다. 아리타는 일본 자기가 시작된 곳이다. 아리타가 일본 자기의 고향이 된 배경에는 자기의 시조, 도조로 받드는 조선 출신의 도공 이삼평이 있다. 도자기 마을답게 거리 곳곳에 도자기 상점이 있다.

거리가 갑자기 소란스러워지는 것을 보니 특별한 행사가 있는 모양이다. 용 모형을 든 아이들이 언덕 위 가파른 계단을 오른다. 아이들이 향한 곳은 도조 이삼평을 함께 모신 도잔 신사다. 도조를 모신 신

1   가라쓰 올레 도착지점 하토미사키 해변의 제주 돌하르방.
2   석양에 물든 포장마차촌.

사답게 입구의 도리이鳥居(신사 입구에 세운 기둥문)부터 자기로 되어 있다. 경내에도 자기로 된 항아리와 기둥 장식들이 있다. 파란 하늘과 구름을 닮은 자기 문양이 아름답다.

도잔 신사는 350년이 넘은 오래된 신사다. 1917년, 아리타 자기 300주년에 이삼평을 도조로 함께 모시면서 이름이 도잔 신사가 되었다.

이삼평은 어떻게 일본자기의 시조가 되었을까? 마을 외곽에 그 답을 보여주는 이즈미야마 자석장磁石場을 찾아갔다. 400년 전 산이 있던 자리가 큰 구덩이로 바뀌었다. 정유재란 때 일본에 끌려와 아리타 도자기 책임자가 된 이삼평은 이곳에서 질이 좋은 백토 광산을 발견한 뒤 일본 최초의 백자를 만든다. 이삼평은 도자기에 쓸 흙을 찾아 돌아다니다가 광산을 찾아냈고 덕분에 아리타는 크게 발전했다.

자석장 오른쪽으로 돌아가면 광산 석공들이 세운 작은 석장 신사가 나온다. 신사 옆에는 흰 옷을 입고 고요히 앉아 깊은 생각에 잠겨 있는 이삼평의 도자기 조각상이 모셔져 있다.

규슈 올레 1호 다케오 코스

아리타 동쪽에 붙어 있는 다케오로 갔다. 사가현 규슈 올레 축제는 올레 코스들을 함께 걷는 행사다. 축제 참석자들이 다케오 올레 코스를 가기 위해 공원 광장에 모여 준비운동을 하고 있다.

1 도자기로 만들어진 도잔 신사의 도리이.

2 백토가 생산됐던 이즈미야마 자석장.

3 석장 신사에 모셔진 이삼평의 조각상.

규슈 올레 1호 코스인 다케오 코스를 걷는 참가자들.

　다케오 코스는 제일 처음 생긴 규슈 올레 1호 코스다. 자연을 감상하며 역사를 느낄 수 있는 길로 산악유보도 전망대가 가장 볼 만하다. 소도시의 정취를 느끼면서 마을을 천천히 걸어가다 보면 이케노우치 호수가 시원하게 펼쳐진다.

　호수에서 길이 두 갈래로 나뉘는데 조금 더 힘들다는 A코스를 선택했다. 작은 연못을 지나면 커다란 삼나무 숲길이 나온다. 이제 길은 산 위를 향한다. 가파른 산길을 보니 왜 A코스가 어려운지 알 것 같다. 깔딱고개를 30분쯤 올라 드디어 정상에 다다랐다. 전망대에서는 다케오 시내가 훤히 내려다보인다.

　내려가는 길도 처음 10분 정도는 꽤 가파르다. 시내로 다시 내려가

나무 뿌리 안에 제단이 세워진 다케오 녹나무.

는 길에 다케오 신사에 들렀다. 돌담길을 끼고 신사 뒤로 들어가면 큰 대나무 숲길이 나오는데 대나무 숲이 끝나는 곳에 신비한 나무가 한 그루 서 있다. 수령이 3,000년 된 거대한 다케오 녹나무인데 제단이 커다란 나무 뿌리 안에 세워져 있다.

　녹나무를 구경한 뒤 1,300년 된 유서 깊은 다케오 온천지구로 향했다. 이곳이 규슈 올레 다케오 코스의 도착지점이다. 참가자들이 하나둘씩 도착한다. 한 관광객은 이 코스를 걷는 데 4시간 30분이 걸렸다고 한다. 도착지점에 있는 누문은 완주의 기쁨을 나누는 기념촬영 장소로 제격이다.

　규슈의 중앙에 솟아 있는 일본 최초의 국립공원 아소산으로 갔다.

아소산은 2015년 9월 14일 크게 분화했던 활화산이다. 아소산 전망대에 서보니 아래쪽으로 제주도의 오름처럼 생긴 기생화산 고메츠카가 눈에 들어온다. 고메츠카는 쌀무덤이란 뜻으로 아소산 신이 쌓아둔 쌀을 사람들이 퍼가서 가운데가 오목하다는 이야기가 전해진다.

앞쪽으로 구사센리라는 푸른 초원이 펼쳐져 있고, 작은 호수도 있다. 드넓은 초원 너머로 얼마 전 크게 분화했던 나카다케가 보인다. 아직도 시커먼 연기가 올라온다. 대분화 때는 연기가 2킬로미터 상공까지 치솟았다고 한다. 분화구를 좀더 가까이 보기 위해 초원을 걸어 언덕으로 올라갔다. 평상시에는 분화구의 가장자리까지 갈 수 있지만 지금은 출입이 제한되어 가까이 갈 수 없었다.

아소산 남동쪽 자락에 있는 다카치호로 갔다. 다카치호 관광안내소 앞이 규슈 올레 다카치호 코스의 출발점이다. 마을을 가로질러 걷다 보면 다카치호 신사가 나온다. 2,000년 전에 창건되었다는 이야기가 신화처럼 전해진다. 이곳에 800년이나 된 커다란 삼나무가 있다.

신사 뒤쪽으로 걸어가면 울창한 숲이 나오고 그. 숲길을 따라 한참을 내려가면 다카치호 협곡이 나타난다. 다카치오 협곡은 오랜 세월 동안 강물이 아소산에서 분출된 용암대지를 침식하여 생긴 것이다. 협곡을 가로지르기도 하고 따라가기도 하는 600미터의 산책로는 다카치호 코스의 백미다.

일본 신화에서 태양신 아마테라스의 손자가 지상에 내려와 나라를 세운 곳이 다카치호다. 협곡을 따라가며 펼쳐지는 풍경은 다카치오가

1	2
3	4

1   아소산 전망대.
2   검은 화산 연기가 피어오르는 아소산 나카다케 분화구.
3   전망대 앞에 펼쳐진 구사센리 초원.
4   분화구로 오르는 길에 핀 갈대. 여기까지가 분화구에
    다가갈 수 있는 한계지점이다.

1   일본 신화의 중심이 된 다카치호 협곡.

2   주상절리를 이룬 병풍 바위를 구경하며 뱃놀이를 즐긴다.

3   다카치호 협곡의 대표적인 볼거리 미나이 폭포.

왜 일본 신화의 중심이 되었는지를 말없이 보여준다. 사람들이 뱃놀이를 하는 물가로 병풍처럼 절벽이 막아서 있다. 신선 병풍 바위는 주상절리가 병풍처럼 보인다고 해서 붙여진 이름인데 자연스럽게 생겨난 것으로 명승천연기념물이다. 병풍 바위 위에서 낙엽이 날리고, 아래 계곡에선 낙엽비를 맞으며 뱃놀이를 즐긴다. 계곡 벽의 주상절리는 저마다 독특한 모양을 하고 있어 뱃길마다 다른 풍경을 연출한다.

가만히 배를 따라가다 보면 그림 같은 마나이 폭포가 나타난다. 폭포 아래로 물보라가 투명하게 부셔져 내린다. 오랫동안 기억에 남을 것 같은 아름다운 풍경이다.

녹차밭 마루오노를 걷다

이제 협곡을 떠나 산길로 접어든다. 한참 산길을 걷다보면 마루오노 녹차밭이 나온다. 어떻게 이런 산속에까지 녹차밭을 만들었을까 싶다. 길은 다시 다카치호 시내를 향한다. 다카치호 협곡만큼 화려하지는 않지만 소박한 풍경들이 이어진다. 계곡길을 오르내리며 조금 지쳐갈 무렵 마을이 나타나면 종착점이다.

올레 코스를 걷는 동안 마을엔 축제가 한창 벌어지고 있었다. 다양한 분장을 한 사람들이 춤을 추며 행진을 한다. 인구가 2만 명도 안 되는 작은 마을이니 마을 사람 전체가 참여했다 해도 맞을 것 같다. 공연자나 구경꾼들 모두 가족 같은 분위기다. 구시후루 신사 마당에서 재미있는 우나리즈모(울기 스모) 경기가 벌어진다고 해서 찾아가봤다. 경기 방법은 씨름판에 올라가서 아기를 울리는 것이다. 마을 사람들은 아기가 울면 건강한 아기라고 여긴다. 우락부락한 스모 선수들이 마주보며 아기를 안고 어른다. 한 아기가 울면서 승부가 났다. 관중석은 웃음바다다. 아예 경기를 시작하기도 전에 울음을 터뜨리는 아기들도 있다. 아기 울음소리가 커질수록 객석의 웃음소리도 커진다. 아기들 울음소리가 우렁찬 걸 들으니 모두 건강하게 자랄 것 같다.

나가사키의 인공 섬 데지마

규슈 서쪽의 항구도시 나가사키로 갔다. 나가사키는 1571년 포르투갈과 무역을 시작하면서 무역항이 되었다. 나가사키에는 데지마라는 독특한 장소가 있다. 에도막부 시대에 만든 인공 섬인데 입구에 당시 모습을 재현한 모형이 있다. 포르투갈인의 기독교 포교를 막고 주민과의 거리를 두기 위해 만들어졌다고 한다.

복원된 건물들은 막부 시대부터 19세기 초까지 다양한 형태를 띠고 있다. 네덜란드 상관장(카피탄)의 거주지였던 카피탄 주택은 데지마를 대표하는 건물이다. 카피탄 주택 1층에는 당시 생활상들이 전시되어 있다. 1639년 막부의 쇄국령으로 포르투갈인이 추방되고 2년 후

1	2
3	4

1. 2 다양한 분장이 돋보이는 축제 행렬.
3   축제가 펼쳐진 구시후루 신사 마당.
4   먼저 아기를 울리면 이기는 우나리즈모 경기.

네덜란드 상관장(카피탄)의 거주지였던 카피탄 주택.

당시 네덜란드의 동인도회사 소속인 상관商館이 설치된다. 네덜란드는 포교에는 관심이 없었고 통상만 원했다고 한다. 데지마는 에도막부 시대 200여 년간 서구문물을 받아들이는 창구 역할을 했다. 도쿠가 와 막부 시대에는 일본이 쇄국 중이라 데지마에서만 무역이 가능했다. 쇄국이 해제된 후에는 데지마가 외국인 거주 가능 지역으로 허가를 받았다.

데지마의 건설이 시작될 무렵 나가사키의 대표적인 축제 군치(음력 9월 9일을 길일로 여겨 축하하는 풍습. 9일의 일본어 '구니치'에서 '군치'라는 명칭이 유래됨) 마쓰리도 시작되었다. 나가사키 군치는 가라쓰 군치, 하카타오 군치와 더불어 일본 3대 군치 중 하나다. 여러 마을의 부자들이 모여

나가사키의 대표적인 축제 군치 마쓰리.

교류하면서 축제를 만들었다고 한다. 매년 10월 7일부터 사흘간 열리는 이 축제에서는 나가사키의 77개 마을이 7년에 한 번씩 돌아가며 춤을 바친다.

규슈 올레 히라도 코스

규슈의 서쪽 끝에 자리잡은 히라도시로 갔다. 먼저 가메오카산 위에 자리잡은 히라도성에 올라갔다. 히라도성은 18세기 초에 세워진 성이다. 가장 높은 천수각에 올라가면 히라도 시내가 한눈에 들어온다. 히라도는 1550년 최초의 포르투갈 선박이 기항한 이래 '서쪽의 도읍'이라고 불릴 정도로 풍요로운 한때를 보냈다. 멀리 사비에르 기념교회와 네덜란드 상관이 그 시절을 추억하고 있다.

성에서 나와 히라도항 교류광장으로 내려가면 규슈 올레 히라도 코스의 출발점이 나온다. 한적한 시내를 두루 구경하며 걷다보면 1607년에 건립된 사이쿄지 절이 나온다.

절 뒤로 난 숲길을 한참 가면 히라도 올레 코스의 백미인 해발 200미터의 고지대 초원 가와치토오게가 나타난다. 언덕 위를 천천히 올라가는 동안 억새에 부는 바람이 땀을 식혀준다. 언덕 위에선 30헥타르의 넓은 초원과 푸른 바다가 파노라마처럼 펼쳐진다. 그냥 걸어도 좋지만 바위에 잠깐 앉아 쉬는 것도 좋을 것 같다. 사람과 길이 잘 어울리는 풍경이다. 억새가 물결치는 초원을 걷다보면 마음속 찌꺼기들이 말끔히 사라지는 것 같다. 길은 다시 히라도 시내를 향한다.

올레는 '집으로 가는 길'

사비에르 기념교회에 도착했다. 16세기 중반 일본에 처음 천주교를 전파한 사비에르 신부를 기념하기 위해 1931년에 세운 고딕양식의 성당이다. 일본에선 드문 가톨릭 유적지라 신자들의 방문이 많다고 한다. 성당 밖에서 아이들 소리가 들린다. 서너 살짜리 아이들의 모습이 하

1   1931년 고딕양식으로 세워진 사비에르 기념교회.

2   억새가 물결치는 가와치토오게 초원.

고묘지 절 너머로 보이는 교회 첨탑. 동서양의 조화가 히라도의 상징이다.

늘에서 막 내려온 천사들 같다.

계단을 따라 내려오면 고묘지라는 절이 나온다. 절 너머로 교회 첨탑이 보인다. 동서양이 섞인 히라도의 상징적인 풍경이다.

또 다른 절의 마당으로 길이 지나간다. 정갈하고 소박한 정원 너머로 히라도항이 보인다. 길을 잃어 다른 길을 기웃거리는 것도 올레의 매력이다. 길을 알면 보지 못했을 풍경이다.

다시 리본 표시를 따라 마을로 내려갔다. 수령이 400년이나 된 큰 소철나무를 만났다. 부유한 무역상의 집에 있던 나무다. 에도 시대 히라도의 번영을 보여주는 듯하다. 작은 언덕 벤치에 앉아 잠시 쉬며 바라보니 히라도성과 마을이 다른 방향에서 눈에 들어온다.

계단을 내려오니 1609년에 설치되었다가 쇄국령 때 나가사키 데지마로 이전해 복원한 네덜란드 상관 건물이 있다.

길은 시내 상점가로 이어진다. 일본의 정취가 짙게 배어나는 거리다. 5시간여 만에 도착지점에 왔다. 그곳엔 고맙게도 무료 족탕 온천이 있다. 온천에 발을 담그니 피로가 가시는 것 같다. 벽에 붙은 한글 안내문이 익숙하다.

가고시마 남쪽 이부스키로 갔다. 일본 최남단역 니시오야마역은 최남단에 있는 규슈 올레 코스의 출발점이다. 이번 여행의 마지막 올레를 걷는다. 잘 정돈된 이부스키의 전원풍경이 따뜻하게 펼쳐진다. 올레는 집으로 가는 길이라는 뜻이다. 그래선지 우리 땅이 아니어도 올레 길은 마음이 편안하다.

어쩌면 이 바닷물도 언젠가 제주의 이름 모를 해안을 스쳤을지 모른다. 세상 모든 사람들의 집은 하나일지도 모른다는 엉뚱한 생각을 하면서 다시 올레를 걷는다.

순례자의 길을 걷다

시코쿠

ㅣ이상헌

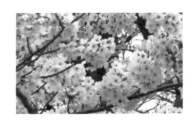

에도 시대 지방 영주의 정원,
리쓰린 공원

일본의 서남부에 위치한 시코쿠는 일본을 이루는 4개 섬 중 가장 작은 섬이다. 1,200년의 전통이 살아 숨쉬는 시코쿠의 정신을 찾아 떠나보기로 하자. 이번 여행은 시코쿠섬의 다카마쓰시에서 시작한다.

가가와현 다카마쓰시에 일본 특유의 아기자기한 조경을 만끽할 수 있는 리쓰린 공원이 있다. 벚꽃이 한창인 리쓰린 공원에서 이제 막 찾아온 봄의 향기에 흠뻑 취하고 말았다. 에도 시대 지방 영주의 정원이었던 리쓰린 공원은 나무, 돌, 물의 조화가 아름다운 곳으로 유명하다. 이끼마저 돌과 아름다운 색채의 대비를 이뤘다. 정성껏 가꾸어진 나무들과 보기 좋게 구도를 이룬 아름다운 연못의 돌, 그리고 영주가 차를 마시던 호젓한 다실이 인상적이다.

1
—
2

1   잘 가꿔진 나무와 돌, 영주의 다실이 아름다운 조화를 이룬다.
2   밤 벚꽃을 즐기는 사람들.

밤에 리쓰린 공원을 다시 찾았다. 낮보다 더 많은 사람들이 줄지어 입장하고 있었는데 이유는 밤 벚꽃 때문이었다. 조명을 받은 벚꽃 잎은 낮과는 다른 색감으로 눈을 즐겁게 했다. 가족과 연인들이 벚꽃을 배경으로 사진을 찍고 있다. 평화로운 봄날 밤의 풍경이다.

벚꽃 아래 가족끼리 오순도순 모여 먹는 봄날의 저녁식사가 평범하고 소박하지만 행복은 이런 모습이 아닐까 싶다. 시코쿠의 첫인상은 봄날처럼 평온하고 소박했다.

예술의 섬 나오시마

다카마쓰항에서 배를 타면 예술의 섬이라 불리는 나오시마로 갈 수 있다. 배에 올라보니 선실 내부는 넓고 깨끗했다. 정시가 되자 배는 지체 없이 출발했다. 일본의 섬들은 대부분 다리로 연결돼 자동차로 여행하기 편리하지만 나오시마섬은 배를 이용해야만 갈 수 있다. 출발한 지 50분 정도 지나자 나오시마섬이 보였다.

항구에서 나를 맞아준 것은 구사마 야요이 작가의 〈빨간호박〉(2006년)이라는 조형 작품이었다. 그 외에도 여러 작품들이 나오시마섬에 사람들을 불러모은다.

나오시마섬에는 한때 구리 제련소가 있었는데 제련소의 쇠퇴와 환경오염으로 나오시마는 버려진 섬이 됐다. 이를 안타깝게 여긴 베네

1 ── 2 ── 3

1 나오시마섬 바닷가에 전시된 구사마 야요이의
〈빨간 호박〉(2006).

2 평범한 전통 가옥에 설치된 예술작품.

3 이우환의 〈관계항—점선면〉(2010).

호텔, 미술관, 리조트가 어우러진 베네세하우스 전경.

세그룹의 후쿠다케 소이치로 회장이 나오시마섬을 살리기 위해 앞장
섰다.

그는 섬에 베네세하우스라는 호텔을 짓고 호텔과 연계된 미술관까
지 지었다. 바로 나오시마섬의 상징이 된 베네세하우스 뮤지엄이다.
1992년 개관한 이 미술관에 자연과 건축을 테마로 한 작품들을 전시
하면서 나오시마가 다시 살아나기 시작했다.

한국인 작가 이우환의 미술관도 나오시마에 있다. 미술관은 일본을
대표하는 건축가 안도 다다오가 지은 것이다. 이우환은 주로 일본을
중심으로 국제적인 활동을 하는 작가다. 야외에 전시된 〈관계항-점선
면〉은 콘크리트 기둥과 철판, 자연석을 소재로 한 작품으로 이질적인

사물들을 결합해 사물들의 존재감을 강조했다. 작품들은 자연과의 조화 속에 빛을 발했다. 평범한 바닷가에 작품이 들어서자 특별한 곳으로 바뀌었다.

나오시마섬의 중심 거리로 향했다. 사람들로 거리가 붐볐다. 뜻 있는 예술가들은 사람들이 떠난 빈 집을 미술관으로 꾸며 '아트하우스 프로젝트'를 이곳에 완성했다. 평범한 전통 가옥으로 보이는 집안에도 흥미로운 예술작품이 있다.

근처의 민박집을 찾아갔다. 정원이 잘 가꾸어진 집이었는데, 특이하게도 거의 바닷가에 붙어 있었다. 이렇게 바닷가에 가까운 집을 방문한 것은 처음이었다. 일본 전통의 다다미가 깔린 방이 깨끗하게 정리되어 있었다. 이 집에서 하룻밤 묵기로 했다.

나를 찾는 길, 오헨로 순례길

정원이 아름다운 바닷가 집에서 하룻밤을 보낸 후 도쿠시마현의 나루토시로 향했다. 나루토에 있는 료젠지 사찰을 찾았다. 오헨로 순례길 1번 사찰이다. 시코쿠섬에는 88개의 불교 사찰이 있고 88개의 불교 사찰을 순례하는 것을 '오헨로'라고 부른다. 오헨로 순례는 무려 1,200년이나 된 풍습이다. 죽음을 각오한 오헨로 순례는 일본 불교의 대표적 종파인 진언종의 창시자 고보대사가 시코쿠 해안가를 걸으며 불교의 가르침을 설파한 것에서 시작됐다. 한 순례자의 가방에 씌어 있는 '동행이인同行二人'은 고보대사가 함께한다는 뜻이다. 길은 1,400킬로미터의 거리에 도보로만 돌면 40일 정도 걸린다고 한다. 직장인들은 긴 휴가를 한 번에 쓸 수 없으니 주말에만 걷기도 하는데 그러면 1년 정도 걸린다고 한다.

료젠지에는 순례자들의 사진을 찍어주는 사진사가 있다. 그에 따르면 1번 절에서는 발심發心의 표정을, 순례를 마친 마지막 88번째 절인 오쿠보지에서는 결원結願의 표정을 사진에 담게 된다고 한다. 법당 앞에 꽤 무거워 보이는 짐 가방이 시선을 끌었다. 텐트와 모든 장비를 가지고 이동하는 순례자의 짐이었다. 사람들은 왜 무거운 짐도 마다하지 않고 힘든 오헨로 순례길을 걷는 걸까. 특정 종교를 떠나 일상에서 잃어버린 나를 찾는 시간이 아닐까 싶다.

오헨로 13번째 절인 다이니치로 향했다. 다이니치 절의 주지스님은 한국인이었다. 한국 무용을 전파하러 일본에 왔다가 인연에 따라 주지스님까지 됐다고 한다.

한 외국인 여성이 수채화를 그리고 있었다. 길 건너편의 말들이 있는 모습을 절의 풍경과 함께 그리는 중이었다. 오헨로를 걷는 이유를 물으니 여행을 마치고 나서 집에 돌아가 일상을 살아갈 때 삶이 이전과 다르게 보이는 것이 좋아서라고 한다. 근처에 남편이 있었다. 놓아둔 배낭의 무게도 만만치 않아 보였다. 남편은 서두르지 않고 천천히 걷는 30일 도보 여행이 즐거움과 쉼을 준다고 했다. 가는 장소마다 아

1   오헨로 순례길의 1번 사찰 료젠지.

2   절을 순례한 징표로 순례자들이 받는 절 도장과
       관계자의 친필.

내가 그림을 그리기 때문에 한 곳에서 얼마나 걸릴지 알 수 없다고 웃으며 말했다.

오헨로 순례자들은 절에 들어오면 물로 손을 씻고 입을 행구는 예를 갖춘다. 법당 앞에서 함께 경을 외는 부부가 보였다. 부부에게 왜 순례를 하는지 물어보니 어린 아들을 잃은 슬픈 사연이 있었다.

순례자들은 절을 순례한 징표로 공책에 절의 도장과 절 관계자의 친필을 받는다. 옷에 88개 도장을 받기도 한다.

각자의 사연들을 가슴에 품고 오헨로 순례길에 나선 사람들을 보았다. 오헨로 순례는 국적과 종교를 초월해 자신만의 그 무엇인가를 찾기 위한 여정인 것 같았다. 글로벌 순례길로 전 세계인이 찾는 명소가 된 이유도 그 때문이다.

웅장한 멋이 있는 고치성

안개 속에서 저 멀리 오나루토 대교가 보인다. 그곳에 있는 전망대에 가보기로 했다. 이 다리는 도쿠시마현과 아와지시마섬을 잇는 길이 1,629미터의 대교다. 나루토 해협은 파도와 소용돌이가 거칠기로 유명하다. 다리의 하단에는 사람들이 걸어 다닐 수 있는 통로가 설치되어 있고 통로의 끝에 전망대가 있다. 이곳에 서면 투명한 바닥을 통해 45미터 아래의 바다를 볼 수 있다. 밀물과 썰물 때 격한 조류가 소용

전망대 유리 바닥을 통해서 본 바다의 소용돌이.

돌이치고 소용돌이 옆으로 관람선이 위태롭게 떠 있다. 전망대 유리 바닥을 통해서도 소용돌이를 볼 수 있다.

아름다운 해안 도로를 감상하며 도쿠시마현을 떠나 고치현으로 향했다. 고치현의 볼거리인 고치성을 향해 언덕을 올라갔다. 웅장하게 보이는 고치성의 돌담은 비가 많은 날씨를 고려해 배수성이 좋은 돌들로 지어졌다고 한다. 1601년 축성을 시작해 1611년 완공됐다.

성 안으로 들어가니 입구에 먼저 그림이 보였다. 성주였던 야마우치 가즈토요와 아내 치요다. 치요는 가난했던 남편에게 명마를 사주어 훗날 고치성의 성주로 만든 내조의 여왕이었다. 치요의 이야기가 NHK 드라마로 만들어졌을 때 치요 역을 맡은 배우가 입던 옷이 전시되어 있었다.

성주가 거주했던 곳이 혼마루인데 혼마루가 온전히 보존된 곳은 고치성이 유일하다고 한다. 정원들도 깔끔하게 정돈돼 있었다.

성의 최상층인 천수각으로 올라가는 중간에 모형을 전시해 성 축조 당시의 상황들을 쉽게 이해할 수 있게 해주었다. 1727년 발생한 화재로 소실되기 이전의 고치성도 모형으로 재현해놓았다. 나무로 만든 가파른 계단을 통해 성의 상층부로 올라가보니 일본 성들의 사진이 전시돼 있었다. 가파른 계단을 끝까지 올라 가장 높은 곳인 천수각에 다다랐다. 아래로 고치성의 담장이 내려다보였다. 고치성의 정문인 오테 문도 보이고 고치시가 한눈에 내려다보였다.

일본 최초의 신혼여행지 가쓰라하마 해변

고치현의 명소 중 하나인 가쓰라하마 해변은 탁 트인 바다 풍경이 가슴을 시원하게 한다.

가쓰라하마 해변에는 일본 근대사의 풍운아인 사카모토 료마에 얽힌 이야기가 남아 있다. 그는 고치현 도사번에서 하급 무사의 아들로 태어났지만 인습에 매이지 않는 자유로운 정신의 소유자였다. 사카모토 료마는 일본이 쇄국주의로 외국과 교류하지 않았을 때 에도 시대를 개혁하려고 노력한 인물이다.

일본 중요문화재로 지정된 고치성과 고치성의
가장 높은 곳인 천수각.

고치현의 명소 가쓰라하마 해변.

바닷가 언덕에 료마 기념관이 있다. 일본 근대화에 온몸을 바친 사카모토 료마는 짧지만 파란만장했던 삶을 살았고 일본인들이 가장 사랑하는 영웅이 됐다. 1867년 11월 료마는 자객의 칼에 맞아 서른세 살의 젊은 나이로 세상을 떠났다. 그가 태어난 고치현에서 그는 영원히 기억되는 듯했다.

고치현에서도 오헨로 순례자들을 볼 수 있었다. 무엇이 노인들로 하여금 아픈 다리를 무릅쓰고 순례의 길을 걷게 하는 것일까? 무엇 때문에 가파른 언덕을 올라 이리도 힘든 길을 걷는지 다시 궁금해졌다. 고치현 고다이산의 사찰 지쿠린지에는 1,200년 전 목숨을 건 순례길을 처음으로 시작한 고보대사의 기념 동상이 세워져 있다. 출발

가파른 언덕길을 오르는 순례자들.

준비를 하는 노년의 순례자에게 말을 붙여보았다. 그는 오헨로 순례의 의미에 대해 말해주었다. 나이 60이 되었을 때 인생에 대해 한번 생각해보려고 오헨로 계획을 세웠는데 7년이 지난 지금 순례를 할 수 있게 되었다고 한다.

삶 속에 빠져 살 때는 삶이 보이지 않는다. 삶에서 벗어나 낯선 길을 걸을 때 비로소 삶이 보이는 것 같다. 오헨로를 걷는 노년의 순례자도 이와 같은 마음일 듯하다.

에도 시대 초기에 지어진 이마바리성

시코쿠섬의 가가와현, 도쿠시마현, 고치현을 거쳐 마지막 현인 에히메현으로 향했다. 이마바리시에 있는 이마바리성은 에도 시대 초기인 1602년 바닷가에 세워진 성이다. 바닷물을 끌어들여 채운 해자와 높은 돌담이 인상적이다. 이마바리 성의 입구에 벚꽃이 활짝 피어 있었다. 벚꽃길 끝에 외적의 침입을 막기 위해 쌓은 돌담과 정문이 있다. 바닷가의 모래 지반 위에 성을 건축한 기술이 놀라웠다.

성 내부로 들어가보았다. 에도 시대의 갑옷과 투구들을 비롯해 당시의 유품들이 층별로 전시돼 있었다. 당시에는 일급비밀이었던 이마바리성의 옛 지도도 볼 수 있었다. 가장 높은 곳인 천수각에서 바라본 풍경 속에 바닷물이 오가는 통로가 보인다. 이마바리성은 바닷물을 끌어올려 만든 일본 3대 바다성이라고 한다.

바닷가에 세워진 이마바리성.

도도 다카토라의 동상.

성 안 뜰에는 이마바리성을 축조한 성주 도도 다카토라의 동상이 있다. 그는 이마바리의 영주이기도 했다. 자연과 어우러진 멋진 성을 배경으로 야외촬영 중인 신혼부부를 보았다. 신부는 우치카케라 불리는 전통 혼례복을 입고 신랑과 성 앞마당에서 행복한 포즈를 취했다.

센과 치히로의 배경 도고온천

우리나라에 있는 온천과 이름이 같은 도고道後온천이 에히메현 마쓰야마시에 있다. 이곳은 만화 영화 〈센과 치히로의 행방불명〉의 배경이

영화 〈센과 치히로의 행방불명〉의 배경이 된 도고온천.

기도 하다. 머물고 있는 여관에서 제공한 전통 의상 유카타를 입고 대나무로 만든 통에 목욕도구를 챙겨 온천으로 가는 사람들이 보인다. 그들이 입은 옷을 보면 머무르는 여관을 알 수 있다고 한다.

온천의 도시 마쓰야마시의 곳곳에는 족욕을 할 수 있는 시설이 갖춰져 있어서 누구든지 신발을 벗고 무료로 족욕을 즐길 수 있다. 매시 정각이면 사람들이 모여드는 곳이 있는데 바로 '봇짱' 시계탑 앞이다. 봇짱은 도련님이라는 뜻이다. 정시가 되면 시계탑에서 1906년 발표한 나쓰메 소세키의 소설 『봇짱』에 나오는 인물들이 하나 둘 등장한다. 도고온천이 소설의 배경이어서 목욕하는 사람 모형도 장식되어 있다. 시계탑이 관광객들의 여행을 즐겁게 하는 역할을 톡톡히 했다.

도련님처럼 작고 귀여운 '봇짱 열차'.

    소설 『봇짱』에 열차가 묘사된 것을 모티브로 봇짱의 이름을 붙인 열차도 운행되고 있다. 열차가 얼마나 작은지 한 가족이 타자 칸이 다 차버렸다. 봇짱 열차는 도련님처럼 귀엽게 제 길을 갔다.

    온천 근처의 상점가에서 특별한 기념품 가게를 발견했는데 예전엔 여관이었다고 한다. 여관의 흔적은 없지만 상점 안쪽 가장 눈에 안 띄는 곳에서 소설가 나쓰메 소세키의 사진을 발견할 수 있었다. 나쓰메 소세키가 도쿄에서 마쓰야먀로 전근을 와서 도고온천을 갈 때면 항상 이곳에 들렀다고 한다. 도쿄 대도시에서 온 멋쟁이라 사람들 눈에 확 띄었고 이곳을 모델로 쓴 작품이 『미쓰야 여관』이라고 한다.

```
1   2
─   ─
3   4
```

1   곳곳에 있는 족욕탕에서 족욕을 즐기는 사람들.
2   유카타를 입고 온천으로 가는 사람들.
3   미쓰야마시의 '봇짱' 시계탑.
4   상점 안쪽에 걸린 나쓰메 소세키의 사진.

일본의 아름다운 거리 100선에 꼽힌 우치코 마을의 거리.

아름다운 거리로 선정된 우치코 마을

나쓰메 소세키의 소설을 떠올리며 인근에 위치한 에히메현 우치코 마을을 찾았다. 이 마을은 일본의 아름다운 거리 100선에 꼽힌 곳이다. 전통 공예품을 파는 상점에 걸린 한글로 된 설명서가 눈길을 사로잡았다.

전통 공예품 가게 중 일본 전통 초인 와로소쿠를 파는 곳에 들어가 봤다. 상점 안쪽에 위치한 작업장에서 전통 방식으로 부자가 앞뒤로 앉아 초를 만들고 있었다. 와로소쿠는 불꽃이 꼿꼿하고 아름답다. 독특한 흔들림과 촛농이 흘러내리지 않는다는 점이 특징이다. 바람을 쐬면 옆 부분이 녹아서 촛농이 흐르지만 바람을 쐬지 않으면 촛농이 흘러내리지 않는다.

와로소쿠 가게에서 멀지 않은 곳에 옛 영화관이 있다. 오래된 영화 포스터로 도배된 입구가 시네마 천국으로 안내하는 길인 것 같았다. 대만에서 온 관광객들이 그 시간대에 상영중인 일본 영화를 보고 있었는데, 극장 뒷벽에 붙은 추억의 영화 〈길〉의 포스터가 눈에 띄었다. 오래된 영사기는 쉬고 빔 프로젝터가 열심히 빛을 비추고 있었다.

부친이 운영하던 영화관을 이어가기 위해 영화제와 문화행사를 열고 관광객을 유치하려고 노력하는 모리 씨를 만났다. 그는 관광객들이 영화를 보러 와서 마을 주민들과 교류가 활발해지기를 바란다고 했다. 추억의 영화를 상영하니 연세 드신 분들의 반응이 좋다고 한다.

우치코 마을을 떠나 오헨로 순례의 마지막 사찰인 오헨로 88번 사찰 오쿠보지에 도착했다. 오헨로 순례를 완주한 한 부부는 증명서를 보여주며 뿌듯해했다. 일본 대학에서 오헨로를 연구하는 미국인 학자는 오헨로 길이 인생의 길과 같다는 말을 남겼다. 그 말이 가슴에 깊게 와닿았다. 희비가 엇갈리는 괴로운 인생의 길이지만 혼자가 아니라 누군가와 함께한다는 '동행이인'의 정신이 이번 여행에서 만난 시코쿠의 정신이었다.

1   일본 전통 초인 와로소쿠를 전통 방식으로 만드는 작업자.

2   오래된 영화 포스터로 도배된 영화관.

3   관광객들이 상영중인 일본 영화를 보고 있다.

만화마을 오나고
걸음이 쉬어가다

— 강민희

귀여운 요괴마을
사카이 미나토

소리 없이 쌓이는 시간이 풍경이 되는 곳. 바다로 이어지는 산의 고장,
일본 산인山陰 해안지방으로 떠난다.

　인천공항을 출발해 한 시간 만에 돗토리현 요나고 공항에 도착했
다. 공항에서 길 하나만 건너면 바로 기차역이다. 작은 플랫폼 위에서
오늘의 여정을 시작한다. 외눈이 그려진 기차에 올라타니 괴상한 그
림들이 가득하다. 기차의 정체는 바로 승객을 저승으로 데려간다는
요괴열차다. 열차는 일본 유명 만화가 미즈키 시게루의 작품 〈게게게
노 기타로〉 속의 요괴마을, 사카이 미나토로 사람들을 안내한다. 열
차 안에는 의자부터 천장, 내부 무늬까지 어디를 둘러봐도 요괴 천지
다. 하루에 총 4종류의 요괴열차가 운행되고 있다.

만화 주인공 기타로와 사진을 찍는 관광객들.

마을로 들어서자 사람들을 반갑게 맞이하는 건 만화의 주인공 기
타로다. 마을 상점가로 이어지는 미즈키 시게루 로드에서는 기타로뿐
만이 아니라 153개의 개성 넘치는 요괴들을 만날 수 있다. 관광객들
은 사진을 찍으며 추억을 남기느라 바쁘다.

미즈키 시게루 기념관을 가봤다. 20여 년 전 점점 생기를 잃어가는
고향을 살리기 위해서 자신의 작품을 사용하도록 한 미즈키 시게루
는 사람들이 요괴를 무섭지 않게 느끼도록 친근하고 귀엽게 만들었다
고 한다. 상점들도 각자 어울리는 요괴의 캐릭터를 사용하고 있다. 거
리를 걷다보면 그야말로 커다란 요괴만화책 속에 들어온 느낌이다.

이 마을 제과점에서 가장 인기 있는 캐릭터는 '네즈미오토코', 그

1   개성 넘치는 요괴들을 만날 수 있는 미즈키 시게루 로드.
2   제과점에서 판매 중인 인기 만화 주인공 캐릭터 빵.

다음은 '기타로'다. 인기 만화에 마을을 부흥시키려는 주민들의 노력이 더해져서 공방까지 생겨났다. 공방 운영자는 관광객들이 자신이 원하는 것을 만들면서 즐거워하는 모습을 보면 기쁘다고 한다. 지금은 전국에서 관광객이 찾아오는 독특한 요괴마을로 자리잡은 사카이 미나토는 다시 생기를 찾고 있다.

사카이 미나토의 새벽 수산시장

사카이 미나토는 요괴마을로 유명해졌지만 원래 일본에서 세 번째로 어획량이 많은 수산업 도시다. 사카이 미나토 수산물 경매장에 가면 갖가지 수산물들을 만날 수 있다.

수산시장에는 모자를 쓴 사람만 들어갈 수 있는데 그 구분이 재밌다. 빨간색은 도매상, 초록색은 소매상 그리고 파란색은 협동조합 직원이다. 드디어 경매가 시작되었다. 긴장감 넘치는 경매 풍경은 우리네 수산시장과 비슷하다. 옆에서 매우 활기 넘치는 광경을 지켜보니 생기가 솟았다.

새벽 조업을 마친 배가 신선한 해산물들을 쏟아낸다. 특히 게는 겨울이 제철이다. 갓 잡힌 싱싱한 게가 생명력을 뿜어낸다. 이 지역에서 주로 잡히는 것은 바다참게로 우리나라 대게다. 파도가 거칠어져서 중간에 돌아왔다는 한 어부는 지금이 게가 제일 맛있을 때라고 말해

제철 대게를 손질하는 어부.

준다. 게 가격이 비싼 건 우리나라나 일본이나 마찬가지다. 게 경매는 나머지 해산물과는 다른 방법으로 진행된다. 원하는 가격을 적어서 가장 높은 금액을 써낸 사람이 낙찰 받는 방식이다.

오늘 하루의 장사가 걸려 있는 신중한 선택의 시간이다. 게를 낙찰 받으면 자신의 표식을 게에 붙여 둔다. 게 중에서도 '마츠바'라는 이름표가 붙은 게가 가격이 가장 비싸다. 분주한 아침 경매가 끝나고 싱싱한 해산물들이 전국으로 달려간다.

바다를 따라 낯선 풍경이 펼쳐진다. 2만 제곱미터에 달하는 하나미가타 해안묘지에는 2만여 개의 무덤이 모여 있다. 오랜 역사를 그대로 드러내는 비석들이 보인다. 약 1,000년 전부터 자연스럽게 생겼을 것

약 1,000년 전부터 자연스럽게 형성된 하나미가타 해안묘지.

으로 추정된다.

바닷가에 무덤을 만드는 일은 일본에서도 드문 일이라 일본 관광객들도 해안묘지가 있다는 것을 이곳에서 보고 알았다고 한다. 생을 마치고 아름다운 바다를 영원히 바라보는 것도 의미 있지 않을까 싶다.

라듐온천으로 유명한 미사사 온천

하나미카타 해안묘지에서 차로 1시간 거리에 있는 미사사 온천을 찾았다. 옛날 느낌이 그대로 묻어나는 미사사의 온천 거리. 한 료칸을 찾아 들어가니 8대째 가업을 이어가고 있다는 주인장이 반갑게 맞아준다. 150년의 역사를 자랑하는 키야 료칸은 정부지정등록 유형문화재로 지금도 전통 방식 그대로 운영 중이다. 여관 주인은 큰 방과 곁방, 도코노마(족자, 꽃병 등을 장식하는 곳)가 있고 피로연석이 있으면 일본 전통 여관이라고 알려주었다.

료칸에서 제일 중요한 곳은 온천이다. 미사사 온천은 라듐온천으로 유명하다. 라듐은 액체 안에 있을 때는 라듐이지만 기화되어 마이너스 이온을 띠면서 공기 중으로 나오면 라돈으로 바뀐다. 그 라돈을 흡수하는 것이 소위 호르미시스 효과(유해한 물질이라도 소량이면 인체에 좋은 효과를 줄 수 있다는 이론)다.

건강에 좋다고 소문난 미사사 온천은 황 성분이 적어서 온천 물을

1   2

3   4

1   미사사 온천마을에서 8대째 가업을 잇는 키야 료칸.

2   료칸의 내부 모습.

3   온천수의 효능을 설명하는 료칸 주인.

4   건강에 좋아서 마셔도 되는 미사사 온천수.

모래 대신 눈이 쌓인 독특한 풍경의 돗토리 사구.

마실 수도 있다. 온천물을 마시고 온천 목욕을 하기 위해서 류머티즘, 순환계, 소화계, 각종 암, 호흡계통 질환자들이 많이 찾아온다고 한다. 여관 주인은 온천수는 섭씨 80도라 뜨겁지만 맛있다면서 직접 온천수를 마시는 시범을 보였다.

어느새 골목에 소복이 눈이 내려 쌓인다. 보통 1년에 한두 번 오던 눈이 이번 겨울은 유난히 많이 내리는 편이라고 한다. 이날 하루 미사사에는 30센티미터의 눈이 내렸다. 천천히, 천천히 설국으로 빠져든다.

돗토리현의 중심인 돗토리시에도 50센티미터의 눈이 내렸다. 출근길을 재촉하는 발걸음에서 독특한 점을 발견했다. 단정한 양복 차림에 다들 장화를 신고 있다. 50센티미터씩 내리는 눈을 뚫고 걸으려면

돗토리 사구에 뒤덮인 눈과 즐거워하는 학생들.

장화가 필수라고 한다.

돗토리시에는 독특한 풍경을 자랑하는 돗토리 사구가 있다. 16킬로미터에 달하는 광대한 사구가 눈앞에 펼쳐진다. 모래 대신 눈이 뒤덮여 있었지만 설구는 나름대로의 매력을 마음껏 뽐낸다.

사람들은 어느새 거대한 자연과 하나가 되고 학생들은 눈밭에서 신나게 뒹굴며 논다. 무릎까지 빠지는 눈 때문에 사구로 올라가는 걸음이 쉽지 않아 한 발짝 내딛기도 힘이 든다. 나도 모르게 휘청휘청 점점 숨이 가빠온다. 그렇게 숨이 목까지 차올랐을 때 눈앞에 펼쳐지는 눈부신 바다가 피로를 씻어준다. 3만 년의 긴 세월 동안 동해의 거친 파도와 북서계절풍이 만들어낸 작품, 그 자체다.

ㅡ홋카이도 스페셜ㅡ

축복받은 대지
아이누모시리

이용준

오도리 공원과 인기 관광마차

하나의 세계자연유산과 여섯 개나 되는 국립공원이 있는 홋카이도의 여름은 다채롭고 겨울보다 풍성하다. 일본 사람들에게조차 이국적인 곳, 자연과 공존하던 '아이누족들의 땅', 홋카이도를 간다.

홋카이도는 일본 열도의 가장 북쪽에 있는 섬이다. 원래 아이누족의 터전으로, 아이누모시리로 불렸으며 그 넓이가 우리나라의 5분의 4가 넘는다. 반듯하게 구획된 시가지와 낯설지 않은 장소들은 삿포로가 짧은 역사 속에서도 빠르게 성장해왔음을 보여준다. 삿포로의 상징, 오도리 공원을 마주하고 있는 텔레비전탑 전망대를 찾았다. 전망대에서 내려다보니 삿포로가 한눈에 들어온다.

불이 번지는 것을 막는 방화선이었던 오도리 공원은 이제 도심 속의 쉼터로 사랑받고 있다. 1년 내내 축제와 볼거리들이 펼쳐진다는 오도리 공원은 과연 오늘 무엇을 준비하고 있을까? 연신 물을 뿜어내는 분수보다 먼저 눈길을 끈 건 간타군이라는 이름의 말이 끄는 삿포로 관광마차다. 관광마차를 타고 자동차로 붐비는 도심을 둘러보는 재미가 꽤 쏠쏠할 것 같았다. 마차가 곧 출발한다

는 말에 오도리 공원 탐방은 잠시 미루기로 했다.

마차는 당당히 한 차선을 차지한다. 말은 경험이 많은지 정확히 차선을 지킨다. 신호를 대기할 때도 나름 여유가 있다. 마차에 탄 꼬마 남매는 마차가 흔들거리는 것과 말굽소리를 비롯한 마차에서 나는 소리가 재밌다고 한다. 마차가 잠시 멈춰 섰다. 도로 주행의 베테랑인 말도 소변은 참을 수 없었나 보다. 마부는 손을 놓고 잠시 쉬고 구경하는 행인들은 긴타군을 보면서 즐거워한다. 마부는 말의 소변을 버리며 긴타군이 하루에 마시는 물의 양이 120리터가 넘기에 소변의 양도 60리터 정도라고 말한다. 삿포로의 명소를 도는 관광마차는 그 자체가 삿포로의 명물이다. 19세기에 세워진 역사적이고 멋진 시계탑도 이제 열 살인 관광마차 말보다는 인기가 덜한 것 같다.

다시 마차가 출발한다. 긴타군은 사실 경주마였다. 성격이 온순해서 시합에서 매번 지는 바람에 경주마 그룹에서 탈락한 것이다. 마부 아저씨는 긴타군이 비록 경기에서는 이름을 남길 수 없었지만 마차를 이용하는 관광객들에게는 얌전하고 상냥한 기질 덕분에 인기가 많다고 말해준다. 지나가는 사람들도 미소를 짓게 하니 긴타군에게는 이 일이 잘 맞는 것 같다.

삿포로 여름축제 비어가든

'붉은 벽돌'이라는 뜻의 '아카렌카'로도 불
리는 홋카이도 구 본청사 건물은 1888년
에 건축됐다. 본토로부터의 이주와 개발이
본격적으로 진행된 개척 시대의 상징인 셈
이다. 관광마차에서 내려 다시 오도리 공

원으로 갔다. 공원에서는 옥수수 먹는 사
람들과 옥수수 포장마차들을 어디서나 쉽
게 볼 수 있다. 옥수수가 한창 수확되는 여
름은 옥수수 포장마차의 계절이다. 포장마
차의 메뉴는 버터에 구운 옥수수, 삶은 옥

수수, 감자 정도로 간단하다. 갓 수확해 신
선한 홋카이도산 옥수수는 인기가 많다.
포장마차에서는 금방 굽거나 삶은 옥수수
를 즉석에서 먹을 수 있는데 가장 인기 있
는 메뉴는 '버터간장맛 구운 옥수수'다.

삿포로 여름축제 비어가든은 일본과 세
계의 유명 맥주 회사들이 오도리 공원 각
구역에 야외 매장을 여는 맥주축제다. 오
도리 공원의 곳곳마다 맥주와 사람이 넘쳐

난다. 가족모임을 하는 사람들과 친구들끼리 흥겹게 어울려 유쾌한 시간을 갖는 이들도 있다. 정성을 담아 보기 좋게 만든 하얀 맥주 거품과 맥주를 담아 옮기는 긴 통이 인상적이다. 축제는 분위기와 함께하는 사람도 중요하지만 역시 가장 중요한 건 맥주의 맛이다. 삿포로 맥주축제에서만 맛볼 수 있는 한정판 맥주를 마시려면 긴 줄을 기다리는 시간과 노력이 필요하다. 아쉽게도 맥주축제는 밤 9시면 문을 닫는다.

삿포로에서의 마지막 밤을 차분하게 보내고 싶다면 오도리 공원만 한 곳이 없다. 혼자만의 시간을 보내기 위해 다양한 선택을 할 수 있을 만큼 충분히 넓기 때문이다. 야간 분수를 보기도 하고 악기를 연주하는 학생들의 음악을 감상하며 하루를 마쳤다.

기적의 아사히야마 동물원

———

차를 타고 아사히카와를 향해 달린다. 눈이 많은 홋카이도의 도로 위에는 붉은 화살표들이 달려 있다. 눈에 덮인 도로의 양쪽 끝 지점을 알리기 위한 표지판을 보고 아사히야마 동물원에 도착했다. 규모도 크지 않고 교통도 불편하지만, 아사히야마 동물원은 매년 300만 명 이상이 찾아 '기적의 동물원'으로 불린다. 동물원 직원의 안내를 받고 입장했다.

이 동물원의 특징은 동물들이 가진 본래의 능력을 끌어내 보여주는 것이다. 동물들을 우리 속에 넣어두는 것이 아니라 먹이를 먹는 모습 등 각 동물의 특징을 살려 보여주는 '행동전시'로 인기를 얻고 있다. 때마침 오랑우탄의

'모구모구 타임'이다. '모구모구'는 '오물오물'을 뜻한다. 동물들의 특성이 가장 잘 나타나는 먹이 주는 시간을 활용해 볼거리를 제공하는 것이다. 우리 밖으로까지 연결된 독특한 시설을 통해 어린 오랑우탄이 먼저 행동을 개시했다. 마치 구름사다리를 건너듯 공중에 달린 줄을 잡고 이동한다. 어린이들은 신기한 표정으로 오랑우탄을 구경한다. 두 번째 녀석은 더 큰 몸집만큼이나 여유 있게 우리를 건넌다. 그때 먹이 쟁탈전이 치열하게 펼쳐지는 다른 우리로 사람들이 모여들었다. 두 마리 오랑우탄을 주인공으로 30분 넘게 펼쳐진 한 편의 드라마가 막을 내렸다.

레서판다가 있는 현수교를 찾아갔다. 레서판다는 너구리판다다. 사육사들이 직접 만든 안내판은 동물들의 이름과 개성을 알려준다. 노노라는 이름을 가진 레서판다는 날카로운 눈빛과 푸석푸석한 털이 특징이고 완고한 성격을 지니고 있어 밤에는 침실에 잘 안 들어온다고 안내판에 적혀

있다. 안내문을 읽고 나니 다 똑같은 레서판다로 보이지 않고 구별이 된다. 바다표범이 실내 유리관과 야외 수족관을 자유자재로 움직인다. 유리관과 전면 유리의 시설이 잘 갖춰진 다양한 전시공간은 하나로 연결돼 있어 모든 각도에서 바다표범의 모습을 볼 수 있다.

겨울에는 산책만 해도 스타가 되는 펭귄들은 가끔씩 수중 터널 위를 헤엄치며 팬서비스를 제공한다. 더위에 지친 북극곰들도 관람객들을 위한 퍼포먼스를 잊지 않는다. 동물이 있는 우리 속에도 관람시설이 마련돼 있다. 주변 다른 구역에 사슴과 표범, 여우원숭이가 보인다. 어느 곳에서도 사람들의 시선을 피할 길 없는 동물들이 안쓰럽기도 하지만, 이렇게 외진 곳에 일본 최고의 동물원을 만들어낸 일본인들의 노력과 열정에 큰 박수를 보내지 않을 수 없다.

호쿠류쵸 해바라기 마을

———

아사히카와 근교에 자리한 호쿠류쵸는 해바라기 마을로 불린다. 마을의 한

농협 직원의 노력으로 시작된 해바라기밭은 어느새 언덕을 온통 노랗게 물들인다. 해바라기밭을 조금씩 확장시킨 게 벌써 30년이나 되었다고 한다.

최근에는 새로운 품종 개발에도 노력을 기울이고 있다. 또다시 30년이 지나면 맞은편 언덕에는 붉은 해바라기

밭이 조성돼 있을 것만 같다. 오로지 관람용으로만 가꿔지는 해바라기밭은 소액의 후원금 말고는 입장료도 없다. 가족과 연인들이 마을을 찾아와 해바라기를 즐기는 것이 마을 사람들의 가장 소중한 수익인 셈이다. 해바라기밭에서 미로찾기를 하는 아이들이 즐거워 보인다. 해바라기가 만개하는 7, 8월엔 매년 20만 명이 넘게 해바라기 마을 호쿠류초를 찾는다고 한다.

팜 도미타의 라벤더

홋카이도의 한가운데 자리한 덕에 배꼽마을로 불리는 후라노로 갔다. 후라노에는 10만 헥타르의 광활한 대지에 한가득 피어난 라벤더를 볼 수 있는 팜 도미타가 있다. 매년 90만 명이 찾는다는 팜 도미타에서 라벤더를 심기 시작한 해는 1903년으로 110년을 훌쩍 넘겼다. 라벤더의 절정기는 7월 중순이라 8월인 지금은 라벤더가 끝물이지만, 형형색색 어우러진 여러 종류의 꽃밭을 보며 아쉬움을 달래본다.

　잔뜩 찌푸렸던 하늘이 결국 비를 뿌렸다. 비가 내리면 꽃의 색깔이 선명해져서 더 좋다는 관광객도 있다. 빗속의 꽃들을 보니 팜 도미타의 정취가 더욱 물씬

풍기는 것 같다. 라벤더 향을 입으로나마 느끼려는 듯 라벤더 아이스크림을 먹는 사람들이 많이 보인다. 아사히카와로 돌아온 저녁이 돼서야 비가 멈췄다. 내일은 맑은 날이기를 기대해본다.

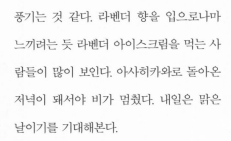

호쿠세이 언덕 전망공원과 비에이 언덕

———

홋카이도에서 언덕이 아름답기로 소문난 비에이로 향했다. 구획된 밭들이 거대한 패치워크를 이루고 멋스런 나무와 방풍림들은 작품을 완성시킨다. 오늘은 자전거를 빌리기로 했다. 자전거 대여점 주인은 조금만 더 가면 호쿠세이 전망대가 나오는데 왕복 1시간 정도 걸린다고 알려주었다. 비에이 지역은 면적이 서울보다도 넓은데 언덕이 많아 자전거를 타도 전체를 다 보기가

어렵다고 한다.

　첫 번째 목적지는 호쿠세이 언덕 전망공원이다. 예상은 했지만, 계속되는 언덕을 오르기가 힘겹다. 전동자전거를 빌린 것이 그나마 다행이다. 피라미드형 전망대가 이채로운 호쿠세이 언덕 전망공원은 비에이의 언덕들과도 잘 어울

린다. 전망대 2층으로 올라갔다. 비에이 중심가와 비에이 특유의 구릉지대가 전망대 아래로 펼쳐진다. 언덕에는 감자와 옥수수, 아스파라거스, 메밀이 자란다. 비록 맑게 갠 화창한 날은 아니었지만 온몸에 느껴지는 깨끗하고 상쾌한 바람은 잊을 수 없을 것 같다.

비에이에는 광고와 드라마에 등장하면서 알려진 명소들이 많다. 켄과 메리의 나무, 마일드세븐 언덕이 보인다. 오야코 나무라 불리는 세 그루의 떡갈나무는 부모와 자식 같다고 해서 붙여진 이름인데 부모가 자식을 사이에 두고 서 있는 듯한 모습이 이곳을 찾은 세 가족의 모습을 닮았다.

홋카이도 중·동부 지역에는 오토바이 여행자들이 유난히 자주 눈에 띈다. 홋카이도는 오토바이의 성지로 알려져서 일본

의 오토바이 동호인들이 시원한 여름을 즐기기 위해 이곳에 많이 모인다. 홋카이도 오토바이 일주는 서두르면 일주일 정도 걸린다고 한다.

시로가네 모범 목장과 온천

해발 1,000미터의 고지에 있는 망악 전망대를 향해 차로 이동했다. 이 전망대

는 특이하게도 산 정상이 아니라 언덕에 있어 산봉우리들을 내려다보지 않고 위로 올려다보게 되어 있다. 도카치다케의 산봉우리들은 구름 뒤로 자취를 감췄다. 산 아래로는 거대한 초원이 눈에 들어온다. 시로가네 모범 목장이다. 고원에 자리한 목장의 모습이 이국적이면서도 낭만적이다. 홋카이도가 일본 우유 생산량의 40퍼센트를 차지하는 낙농업의 중심지라는 것을 새삼 깨닫게 된다.

해발 700미터에 있는 시로가네 온천에는 하얀색의 물줄기가 에메랄드 빛을 만들어내는 독특한 흰수염 폭포가 있다. 폭포수에 섞여 있는 알루미늄 성분이 비에이강과 만나 푸른 빛으로 보인다고 한다. 강물이 흘러들어 푸른 빛의 아오이케 호수를 만들어낸다. 어제 내린 비로 아오이케의 푸른 빛이 옅어져 아쉬웠다.

주변과 완만하게 이어져 있어 편안한 마음으로 비에이의 경치를 감상할 수 있는 신에이 언덕 전망공원으로 갔다. 캠핑카를 가지고 여행 중인 노부부는 신에이 언덕이 일본에서 제일 아름다운 야경을 볼 수 있는 곳이라고 했다.

하늘은 여전히 찌푸려 있고 노부부와 또 다른 한 명만이 공원을 지키고 있다. 신에이에서는 일본 최고의 석양을 볼 수 있다고 한다. 비록 하늘은 이내 어두워졌지만 비에이는 아름다웠다.

세계적인 불곰 서식지 시레토코

오호츠크해를 바라보며 세계자연문화유산인 시레토코로 향했다. 시레토코는 아이누어로 '세상의 끝'을 의미한다. 우토로항 풍경이 눈에 들어온다. 높이 80미터의 거대한 바위가 들어서 있는 우토로항은 일본의 마지막 비경이라 불리는 시레토코 반도로 향하는 관광선들의 기점이다. 날씨가 흐려 오호츠크해의 깊고 푸른 바다가 반도의 해안 절벽과 대비를 이루는 모습을 볼 수 없었다.

처음 우리를 맞은 것은 프레페 폭포다. 100미터가 넘는 해안 절벽에서 조용히 떨어지는 모습 때문에 '처녀의 눈물'로

도 불린다. 최고 200미터 높이로 계속되는 낭떠러지와 동굴, 변화무쌍한 해안선은 시레토코의 상징적인 모습이다. 우리가 탄 배는 가무이왓카에서 회항한다. 가무이왓카 폭포는 육로가 중단되는 곳이기도 한데 반도의 나머지 반은 오로지 배 위에서 바라볼 수밖에 없다.

시레토코 반도의 안쪽이 궁금해져서 차로 이동했다. 시레토코 반도로 들어서자 도로 주변에서 야생동물들이 자주 발견된다. 껑충껑충 도로 위를 뛰어다니는 사슴을 보고 깜짝 놀랐다.

우토로항에서 고작 14킬로미터 떨어진 곳에 깊은 숲으로 둘러싸인 시레토코 5호 레스트하우스가 있다. 시레토코 국립공원 직원은 아침에 와보니 주위에 곰의 흔적이 많이 남아 있어서 이 부근을 하루종일 폐쇄하기로 정했다고 말해준다. 작년에는 하루종일 폐쇄된 적이 한 번도 없었는데 올해는 반대로 온종일 개장한 날이 하루밖에 없다고 한다.

시레토코 5호 산책로를 포기하고 높이 설치된 나무 다리 고가 목도를 찾았다. 시레토코는 세계적인 불곰 서식지여서 목도 양쪽에는 관람객의 안전을 위해 전기 철책 울타리가 쳐져 있다. 목도를 따라가면 시레토코 1호와 만난다. 험한 지형과 깊은 숲은 시레토코의 자연을 유지하는 방어막이 아니었을까 하는 생각이 든다.

곤타마을의 체험 농장

시레토코 샤리에 도착해 곤짱이라는 홋카이도 토종견을 만났다. 곤타마을 농장의 마스코트다. 곤타마을 농장은 농산물을 직접 따서 바로 음식을 해먹기도 하는 일종의 체험농장이다. 홋카이도는 건조하고 선선한 날씨 덕에 일본의 식량 창고라고 불릴 만큼 농산물이 풍부하다.

농장 주인은 싱싱한 고추와 가지, 호박을 따서 먹어보라며 건네준다. 야채로 피

자를 만들어 먹자고 하더니 불을 지피고 갓 따온 채소로 피자 만들 준비를 한다. 드디어 홋카이도산 감자 피자와, 홋카이도산 채소 피자가 완성됐다. 토마토 주스까지 완벽한 한 끼다. 시레토코에서의 마지막 날 홋카이도의 농산물

만큼이나 풍성한 사람들을 알게 됐다. 기념사진을 찍으며 추억을 남겼다.

칼데라 호수 아칸호와 이코로

홋카이도 동부에 위치한 아칸 국립공원은 세 개의 호수를 중심으로 펼쳐진다. 호수를 선명하게 볼 수 있는 날이 손에 꼽힌다는 마슈호에는 미혼 여성이 맑은 호수를 보면 사랑이 멀어진다는 시샘 어린 전설이 남아 있다.

호수 한가운데 '마슈호의 보조개'라 불리는 작은 카무이슈섬이 신비로움을 더한다. 둘레가 56킬로미터에 이르는 굿샤로호는 일본에서 여섯 번째로 큰 호수다.

아칸호는 칼데라 호수로서는 특이하게 국제습지보호협약인 람사르협약에 등록된 습지를 포함하고 있다. 아칸호에는 홋카이도에서 가장 큰 아이누족의 마을 아이누코탄이 있다. 현재는 36가구만이 아이누문화 계승사업으로 생계를 잇고 있다. 독자적인 언어와 문화를 갖고 있던 아이누족은 일본 본토로부터의 이주정책과 개척사업으로 고유문화는 사라져가고 그 수도 급격히 줄고 있다. 민속공예품과 전시용 건축물에서만 아이누의 문화를 엿볼 수 있는 것은 아니다. 아기자기한 목각인형과 옛 건물들이 아이누를 말해준다.

아이누시어터 이코로를 찾았다. '이코로'는 아이누어로 '보물'이라는 뜻이다. 이제 아이누의 민속춤은 유네스코 세계무형문화유산에 등록돼 보호와 지원을 받고 있다. 아이누의 춤은 독특한 문양의 옷을 입고, 노래와 박수만을 주로 사용한다는 게 색다르다. 마침 학의 춤과 잔치 춤이 한창 공연 중이었다.

가장 흥미로웠던 것은 '무쿠리'라는 대나무로 만든 악기였다. 무쿠리는 소리가 전자음처럼 들리기도 하고 생김새도 특이하다. '입으로 뜯는 거문고'라 불리는 무쿠리를 바로 배워보기로 했다. 무쿠리에 입을 대고 가운데 갈라진 틈으로 숨을 내쉬거나 들이마시면 된다. 실을 당기는 강도와 입의 모양에 따라 여러 가지 음색이 나온다.

구시로 항구와 동부 구시로 습원 여행

———

안개의 도시 구시로로 들어서자 맑았던 날씨가 거짓말처럼 변했다. 구시로강은 한류와 난류가 만나는 지역에 있어 안개가 많다. 하지만 바로 그 점 때문에 오래전부터 수산업이 발달했다.

항구 바로 옆에 노천식당이 줄지어 있다. 이곳에서는 신선한 해산물과 다양한 먹을거리를 직접 골라 먹을 수 있다. 시원한 맥주가 무척이나 반갑다. 새우가 다 익기도 전에 옆 자리의 부부와 자연스레 합석하게 됐다. 구시로의 일기예보에는 항상 안개 예보가 빠지지 않는데 여름에는 런던이나 샌프란시스코처럼 안개가 생긴다고 한다. 밤바다의 분위기를 즐기는 사람들로 식당이 붐볐다. 도란도란 삶의 이야기를 나누는 정겨움이 느껴졌다.

구시로역에 도착했다. 구시로는 한쪽은 태평양, 반대쪽은 광대한 구시로 습원을 마주하고 있다. 구시로를 찾는 여행객들의 목적은 바로 구시로 습원을 보기 위해서다. 기차는 아침부터 사람들로 붐빈다. 구시로 습원을 관통하는 관광열차는 창문 유리가 없어 좀더 선명하게 습원을 보고 느낄 수 있다.

이와봇키 수문이 보인다. 구시로습원역에 내렸다. 작지만 동부 습원 여행의 출발점이다. 등산로를 따라 10분 정도 올라가면 호소오카 전망대가 나온다. 광대한 구시로 습원은 일본 습원 면적의 60퍼센트를 차지한다. 구불구불 흐르는 구시로강은 습원의 동맥 역할을 한다. 습원 주변에는 산책로가 곳곳에 마련돼 있다. 온네나이 산책로는 그 가운데 가장 인기가 높다. 3킬로미터에 이르는 산책로에서 모세혈관처럼 습원을 적시는 습지의 본모습을 볼 수 있다.

도야호와 쇼와신잔

시코쓰도야 국립공원의 도야호로 갔다. 동화 속에서 본 듯한 이국적이고 멋진 유람선이 한눈에 들어온다. 도야호는 2000년에 있었던 화산활동으로 큰 피해를 입기도 했지만 지금은 화산 피해의 흔적마저 관광자원으로 활용하고 있는 국제적인 관광지다.

도야호 중앙에 있는 4개 섬 나카지마가 보인다. 도야호 근처의 쇼와신잔昭和新山은 높이 400미터가 조금 넘는다. 그 이름에서 알 수 있듯이 이 산은 2년에 걸쳐 지반이 천천히 융기하면서 새롭게 생겨난 기생화산이자 활화산이다. 푸른 숲과의 묘한 이질감이 신비롭기도 하지만 때로는 을씨년스러운 분위기도 자아낸다. 도야호에서 5분 거리에 있는 화산 피해 현장은 2000년 화산 분화 당시의 상황을 그대로 보여주고 있다.

현재는 주변에 니시야마 분화구 산책로가 만들어져 있는데 수증기를 분출하는 모습을 바로 옆에서 볼 수 있다.

물과 화산과 숲의 고장 도야호는 4월 말에서 10월까지 매일 호수 위에서 불꽃놀이가 펼쳐지기 때문에 밤마다 사람들로 술렁인다. 자연의 위대함을 온몸으로 만끽했던 홋카이도 여행의 마지막 행사로는 더할 나위가 없었다.

1 2
3 4

$\dfrac{5}{6 \quad 7}$

1   구시로 노천 식당.

2   싱싱한 해산물 꼬치구이.

3   구시로 습원은 일본 습원 면적의 60퍼센트를 차지한다.

4   호소오카 전망대에서 바라 본 광대한 구시로 습원.

5   쇼와신잔은 새롭게 태어난 기생화산이자 활화산이다.

6   니시야마 화구 산책로.

7   도야호는 4월 말에서 10월까지 불꽃놀이가 펼쳐진다.

PART 3

이야기가
있   는
세월의 멋

역사의 숨결을 찾아서

교토는 일본인의
마음의 고향 같은 곳이다.
천 년이 넘는 수도로
전통과 현대가 조화를 이룬다.

천 년의 산책 교토
— 이홍기

슬픔을 이겨낸 고비
— 강민희

일본인의 마음의 고향,
치유의 공간

교토는 일본인들에겐 마음의 고향 같은 곳이다. 1,200년간 일본을 통
치해온 교토는 골목마다 느껴지는 삶의 원형들 속에 끊임없이 과거와
소통하고 있다. 전통은 혁신의 연속이고 놀라움과 재발견이 있는 곳이
다. 1,000년이 넘는 세월을 일본의 수도로서 군림해온 교토는 794년
천도한 이후 역사의 출발점이자 분기점이 되었다. 오랜 세월 배양되어
온 전통문화와 미의식은 전혀 퇴색되지 않은 채 여전히 이어지고 있다.

교토에는 무려 2,000여 곳의 신사와 불교사찰이 있다. 전체를 다 돌
아보려면 6개월 정도나 걸린다고 한다.

매년 교토를 찾는 내국인 관광객은 5,326만 명(2017년 교토시 집계),
외국인 관광객도 약 750만 명에 달한다. 교토는 기요미즈사淸水寺를 비

기요미즈사의 흐르는 약수.

롯한 10곳이 넘는 세계문화유산과 세계 최대의 목조건물 혼겐사本願寺를 동시에 지닌 전통적 자부심이 넘치는 지역이기도 하다.

교토의 매력은 무엇인지 일본 관광객들에게 묻자, 교토는 마음을 풍요롭게 하고 동, 서의 조화가 돋보이며 동시에 독창적이고 심플하기 때문이라고 답한다. 절묘한 조화를 다양하게 볼 수 있어서 매력적인 곳. 그래서 교토에 오면 복잡한 문제가 해결될 것 같은 치유의 힘이 있는 것 같다고 한다. 여행은 몸과 마음을 달래기 위해서 하는데 교토에 그 해답이 있다는 말이다.

여행지에 대한 호불호는 개인의 성향에 따라 나뉘게 마련인데 교토는 한결같이 여행자의 마음을 사로잡은 곳이었다.

교토의 부엌 니시키 시장

고도를 지탱해온 교토의 부엌 니시키 시장을 찾았다. 서민들의 뜨거운 숨결을 느낄 수 있는 곳으로 400년의 역사를 가졌다. 126채의 상점들이 400여 미터나 이어져 있다. 교토의 대표 식자재들은 여기에 다 모여 있다고 해도 과언이 아니다. 교토의 음식에 대해 알려면 니시키 시장을 빼놓을 수가 없다. 채소절임은 교토의 대표적인 음식이다.

시장에 관련해 흥미로운 이야기를 들었다. 니시키 시장이 커진 배경에는 지하수와 깊은 연관이 있다고 한다. 늘 물이 풍부했고 우물은 음식을 저장하는 냉장고 대용으로 사용되었다. 니시키 시장은 관광객들도 빼놓지 않고 들르는 곳이다. 간장에 절인 장아찌를 집어든 외국인은 교토의 맛을 이해할 수 있을까. 맛에 대해 물으니 고개를 끄덕거린다. 식당에 가지 않아도 교토의 대표 음식을 맛볼 수 있어서 시장은 늘 사람들로 붐빈다.

고소한 냄새에 이끌려 찾아온 교토의 명물 녹차를 파는 가게에서는 갓 덖어낸 찻잎을 쏟아내고 있다. 이곳에 오면 고급 음식점에서나 맛볼 수 있는 차를 저렴하게 구입할 수 있다. 계란말이만 90년째 만들고 있다는 집을 찾았다. 앞에 진열된 두툼한 계란말이가 먹음직스럽다. 계란말이를 만드는 사람이 아직 젊은데도 손놀림이 제법이다. 신참이라고 하는데 상당한 실력자처럼 보인다.

하루에 600개나 팔린다는 맛있는 계란말이의 비법이 궁금했다. 주

1　2
─　─
3　4

1　교토의 대표 식자재들이 모두 갖춰진 니시키 시장.
2　채소절임은 교토의 대표적인 음식이다.
3. 4　하루 600개나 팔리는 계란말이 맛집.

방에 들어가 만드는 비결을 알려달라고 하니, 달걀은 세계 어디나 똑같지만 주로 다시마, 다랑어포를 우려낸 육수에 이 가게만의 독특한 비법을 가미해 계란말이를 만든다고 귀띔해준다.

교토 금박과 황궁 문고리 과자

시장을 나와 큰 길에 있는 금박가게에서 발길을 멈췄다. 교토에서 300년 된 금박가게로 일본 전국의 국보나 문화재, 그리고 전통 공예 등에 사용되는 금박을 생산하고 있었다. 지금은 식품이나 화장품 등의 재료로 널리 공급하고 있으며, 소비자들이 사용하면서 행복해질 수 있도록 노력하고 있다. 10대째 가업을 잇고 있다는 말에 보물이라도 찾은 듯한 느낌이 들었다.

자세히 들여다보니 재미있는 사실을 알게 됐다. 금박을 두드려서 만들 때 사용되는 종이는 한정된 양만 나와 상당히 비싸다. 워낙 얇게 펴져서 종이 뒷면이 보일 정도다. 벨트가 돌면서 해머가 때리게 되면 장인의 손 감각에 의해 종이가 얇게 늘어난다. 이때 금 사이사이에 끼워져 있는 종이가 바로 기름흡수 종이다. 종이의 효과를 어떻게 알게 되었냐고 물으니 할아버지가 장인들한테 이 종이를 받아서 저녁에 연회 등에 가서 마이코(게이샤가 되기 전 수습과정에 있는 예비 게이샤)들에게 줬더니 화장이 너무 잘 받는다고 소문이 퍼져 유명해졌고 했다. 세계

금박을 얇게 펴는 도구.

적으로 여성들에게 인기 있는 화장용 기름종이의 원조가 바로 이것이었던 셈이다.

금박가게를 나와 다른 가게로 발길을 돌렸다. 진열장만 들여다보면 무엇을 파는 가게인지 알 수가 없어 일단 안으로 들어가봤다. 교토의 전통 과자를 팔고 있었다. 1832년에 창업해서 지금으로부터 180년 정도 되었다고 한다. 장인이 만든 화과자에서 일본 역사를 볼 수 있다.

호박(보석), 시냇물, 세월로 이름 붙여진 양갱이 있다. '세월'이라는 양갱은 오다 노부나가의 '혼노지의 변'을 테마로 만들었다고 한다. 혼노지의 변은 1582년 교토에서 오다 노부나가의 일등공신이었던 아케치 미츠히데 장군이 일으킨 미궁의 반란사건인데 이를 양 가문의 문

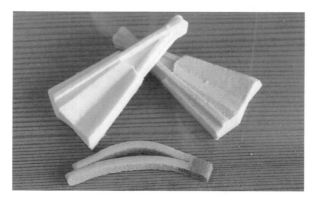

1 호박, 시냇물, 세월이라는 이름의 양갱들.

2 가장 인기가 많은 황궁 벽장 문고리 모양 과자.

3 부채를 표현한 과자.

장으로 표현한 것이다. 아케치 장군을 나타내는 문장과 오다 가문의 문장이 양갱에 나란히 새겨져 있었다. 양갱 아랫부분의 붉은색은 전쟁을 표현한 것이다.

양갱가게에서 가장 인기 있는 과자는 교토의 황족 별궁 안에 벽장 문고리를 표현한 것이다. 손잡이 과자를 먹으면 아름다운 세계가 펼쳐질 거라는 즐거운 상상을 하게 된다. 주인은 계절별로 과자의 재료가 달라진다고 설명하면서 보면 즐겁고 먹으면 맛있는 과자를 만드는 것이 장인들이 할 일이라고 말한다. 오랜 시간 동안 장인과 손님의 소통이 있었기 때문에 단골들은 과자 하나하나의 테마를 잘 알고 있다. 과자 속에는 사람과 사람 사이의 역사가 살아 있다.

철학의 길과 시센도, 료안사 정원

현대인들은 모두 복잡한 일상에서 지친 마음을 안고 여행을 떠나지만, 생각을 정리하는 방법은 저마다 다르다. 나는 무거운 마음을 내려놓을 수 있는 공간을 찾아가보기로 했다.

교토시 히가시야마에 있는 철학의 길에 도착했다. 멋진 이름이라 어떤 곳인지 기대가 된다. 일본의 괴테라 불리는 철학자, 니시다 기타로(20세기 초 일본에 서양 철학을 들여온 교토대 교수)가 평소에 사색을 하던 길로 거리는 2킬로미터 정도 된다. 이후 그를 사랑했던 제자들이 산책하면서 1972년 정식으로 '철학의 길'이라는 이름이 붙었다. 역대 노벨상 수상자들도 이 길에서 자신의 생각을 정리했다고 한다. 봄에는 벚꽃이, 가을에는 단풍이 무척 아름답다. 시냇물 소리와 매미 울음소리를 들으니 마음이 차분하고 맑아진다.

교토다운 운치를 깊이 있게 맛볼 수 있는 시센도 쪽으로 발길을 옮겼다. 시센도는 무장이자 시인이었던 이시카와 조잔이 세웠다. 그는 90세까지 살면서 여생을 이곳에서 보냈다고 한다. 조잔은 1615년 도쿠가와파가 도요토미 일가를 소탕하는 오사카 여름전투에서 큰 공을 세운 인물이다. 오다 노부나가, 도요토미 히데요시, 도쿠가와 이에야스 등이 시대를 바꾸고 있을 때, 정원, 건축, 회화 분야의 거장들도 권력과 맞물리며 새로운 꽃을 피워가고 있었다.

대나무 소리가 들렸다. 시센도에서 들리는 대나무 소리는 '시시 오도시'라고 한다. 정원에 접근하는 멧돼지, 사슴 등을 쫓기 위해 조잔이 고안한 것이다. 지금은 일본 전국에서 사용되고 있지만 이곳이 최초의 발상지다.

시센도를 나와 료안사 정원을 찾았다. 1450년에 세워진 료안사는 전체가 세계문화유산으로 지정되어 있다. 특히 돌과 모래로 꾸며진 정원이 유명하다. 토담으로 막아놓은 직사각형의 정원에는 15개의 바위가 놓여 있다. 이끼로 뒤덮여 있는 바위들은 동쪽에서 서쪽으로 일곱 개, 다섯 개, 세 개가 배치되어 있다. 하지만 열다섯 개의 바위를 동시에 볼 수는 없다. 어떤 의도로 만들어졌는지는 아직까지 아무도

1

—

2

1 　 교토시 히가시야마에 있는 철학의 길.
2 　 료안사 정원의 여행자들.

모른다고 한다.

　마음의 쉼표를 그리는 교토의 여정에서 어느새 여행자들의 마음도 느긋하게 흘러간다.

아라시산의 몽키파크

교토 시내에서 서북쪽에 있는 아라시산에 가면 일본 원숭이를 볼 수 있다고 해서 찾아갔다. 놀랍게도 130여 마리의 원숭이가 야생의 상태로 살고 있었다. 사람이 지나가도 경계하지 않는다. 산 중턱에는 더 많은 원숭이들이 자유롭게 놀고 있다. 원숭이들의 천국 몽키파크는 생긴 지 50년이나 됐기 때문에 야생 원숭이들이 태어날 때부터 이미 사람들에게 익숙해진 곳이다. 암컷은 태어난 무리에 정착해 살지만 수컷은 무리를 옮겨 다니는 습성이 있기 때문에 몽키파크의 원숭이도 대부분 암컷이라고 한다. 귀여운 새끼 원숭이들이 눈에 띈다. 일본 원숭이의 출산 시기는 4월에서 7월까지로 이맘때면 귀여운 새끼들을 만날 수 있다.

　개중에는 겁 없는 개구쟁이들도 있다. 촬영하는 내내 내 앞에서 태연히 놀고 있는 원숭이는 사람에게도 겁이 없다. 원래 원숭이와 물은 친하지 않지만 새끼 원숭이들은 물이 무섭지 않은지 엄마 원숭이의 불호령이 떨어져도 물에서 나올 생각을 하지 않는다. 자식 걱정은 사

1   목조로 된 154미터 길이의 도게츠교는 아라시산의
        상징이다.
2   아리시산 몽키파크에 있는 야생 원숭이들.
3   몽키파크의 암컷 원숭이와 새끼 원숭이.

람이나 원숭이나 마찬가지인 모양이다. 원숭이들은 아침에 날이 밝으면 산 위에서 내려와 놀다가 오후 5시 반 정도에 다시 산으로 돌아가 나무 위에서 잠을 잔다. 이름을 부르면 대답하는 스물일곱 살짜리 원숭이가 있었다. 원숭이의 수명이 대략 30년이라니 우리로 치면 할머니인 셈이다.

오래전부터 자연과 인간이 평화로운 모습으로 함께하고 있는 듯했다. 놀라운 사실은 야생동물이 살고 있는 곳을 공원화했다는 점이다. 직접 와서 보니 매우 신선하고 조화로운 느낌이었다.

이발소와 목욕탕을 개조한 종이장식 가게

교토의 골목을 걷다보면 오래된 건물과 마주하게 된다. 100년 전에 지어진 목욕탕도 그중 하나다. 지금은 찻집으로 운영되고 있지만 원래의 목욕탕 모습이 그대로 남아 있다. 교토에는 이렇게 오래된 가옥들이 무려 5만여 채나 된다고 한다. 전통을 보존하려는 노력이 그들의 삶에 묻어난다.

상당히 오래돼 보이는 가게에 들어가봤다. 전통 종이장식 가게였다. 이곳에서는 사찰이나 전통 가옥의 다실 안에 미닫이문을 장식하는 종이나 불경, 고전, 시 등에 사용하는 용지를 직접 만들어 팔고 있었다. 일본 전통화의 경우는 화지뭉치로 강하게 눌러 비벼대지만 이곳의

원래 모습이 잘 보존된 100년 전에 지어진 목욕탕.

방식은 손의 감각만으로 안료를 종이에 바르기 때문에 독특한 멋이 표현된다. 특히 식물이나 광물에서 추출한 색소와 재료를 이용해 장인들이 직접 포장지나 벽지 등 인테리어용 종이장식을 제작한다.

이 가게는 원래 이발소와 목욕탕이었던 흔적이 곳곳에 남아 있었다. 일본에서는 목욕탕과 이발소가 나란히 있는 게 특징이다. 머리감는 시설이 그대로 보존되어 있었는데 그 자체로 재미있는 인테리어 효과를 얻은 셈이다. 바닥에는 약 100년 전부터 사용되던 이발소 의자의 흔적이 고스란히 남아 있다. 삶의 역사가 공존하는 공간으로 기억될 것 같다.

역사 문화보존 지역에 있는 여관

여행은 새로운 공간과의 만남, 새로운 사람과의 만남이 있어서 설레고 즐겁다. 두부집을 구경하다 한 사람을 만났다. 여름에만 한정 판매하고 있는 연두부를 샀다고 하는데 두부처럼 보이지 않지만 맛이 좋아 상당히 인기가 있다고 한다. 다음 숙소를 아직 정하지 못했다고 하니 여관을 운영하고 있다며 나를 초대했다.

여관은 교토 시내에 있는 곳이 아니었다. 야생 원숭이가 사는 아라시산 근처의 계곡을 배를 타고 올라가 도착한 지점은 역사 문화보존 지역으로 지정된 곳이었다. 길을 내서도 안 되고 자연은 물론 오래된 건물도 훼손할 수 없도록 엄격히 규제된 곳이어서 호시노야 교토 여관까지 갈 수 있는 길은 매우 좁은 산길밖에 없었다. 따라서 오래전부터 더 편리한 뱃길을 이용해왔던 것이다. 주인은 100년 전 지어진 여관을 대대적으로 리모델링해 운영하고 있다고 했다. 배를 타고 가면서 보이는 고즈넉한 풍경이 아름다웠다. 교토의 자연이 마음을 차분히 가라앉혔다.

교토 여관이라고 해서 전통 있고 격식 높은 분위기를 연상했는데 예상 밖이었다. 100년 전 전통적인 기법으로 지은 건물과 현대적인 감각으로 지은 건물이 놀랍도록 잘 조화를 이루고 있어 감탄하지 않을 수 없었다. 쉴 새 없이 재탄생되는 교토의 새로운 얼굴을 만날 수 있었다. 이 여관에서 사용하는 모든 물건은 장인들이 직접 만든 것이라

전통적인 기법과 현대적인 감각이 조화를 이루고 있는 여관.

고 한다. 대기업에서 출시된 신상품이 넘쳐나면서 전통적으로 공예나 요리를 만드는 교토 장인들은 수가 줄어들고 일자리를 잃게 되었다. 여관 주인은 현재 교토 관광에 필요한 요소는 장인들의 기술과 문화를 이어갈 인재 양성이라며 장인들이 만든 물건을 애용해야 한다고 강조했다. 교토에서 오랫동안 이어온 전통과 문화를 소홀히 다루지 않으려는 생각이 엿보인다. 장인이 만든 상품은 예술작품이 아니라 기능을 갖춘 도구로서 사용되는 것이 중요하다. 구매자가 써보고 좋다는 것을 스스로 느끼고 또다시 구매해야 그 도구가 계속 살아남기 때문이다.

그날 밤, 여관 앞에서는 특별한 볼거리가 펼쳐졌다. 배 앞에 밝힌 화

가마우지를 이용한 은어 낚시.

톳불 아래 가마우지 무리가 은어 잡이에 나선 것이다. 가마우지를 이용한 낚시의 적기는 5월 중순에서 10월 중순이다. 수온이 높은 때에만 통통하게 잘 자란 은어를 잡을 수가 있다. 집에서 훈련시킨 가마우지는 보통 1시간에 60~100회 자맥질을 한다. 장인은 슬쩍 묶어둔 가마우지가 날카로운 부리로 은어를 낚아채면 능수능란하게 은어를 가로챈다. 가마우지 낚시의 역사는 무려 1,300년. 지금까지도 전통적인 방식 그대로를 지켜가고 있다. 하지만 전국에 가마우지 장인은 극소수에 불과하다.

교토는 보면 볼수록 중후한 문화유산과 새로운 매력을 겸비한 도시다. 내일은 많은 사람들을 매혹하는 숨겨진 비밀을 더 찾아봐야겠다.

한인 부족 하타족의 세력권 안에 지어진 뱀 무덤.

가이코노, 후시미 이나리 신사

고대의 교토는 한반도에서 건너온 한인 부족들이 많이 살고 있었다. 한인 부족들의 경제력과 선진기술은 수도 교토를 건설하는 데 지대한 공을 세웠다. 6세기 무렵, 가장 먼저 두각을 나타낸 것은 신라에서 건너온 하타족이다.

　뱀이 많아 뱀 무덤(헤비쓰카)이라 불리는 석총은 주인이 누군지 아직 밝혀지지 않았다. 다만 무덤 주변이 대대로 하타족의 세력권이었기 때문에 『일본서기』에 이름을 남긴 하타노 가와카츠로 추정하고 있다. 원래는 75미터나 되는 전방후원형의 고분이었으나 지금은 주택이

들어서면서 후원의 석실 부분만 남아 있다. 우즈마사 표지판이 보인다. 하타씨의 호인 우즈마사가 지명으로 남아 있는 지역이다. 하타족이 전한 선진기술에 의해 교토는 새로운 문화가 꽃필 수 있었다.

다음에 찾아간 가이코노(양잠) 신사는 하타족과 깊은 연관이 있다. 신사 입구 양 옆에 세워진 여우상이 눈에 띈다. 두 여우상의 입에는 각각 실과 실패가 물려 있다. 하타족이 교토에 양잠기술을 전했고, 이 신사에 양잠 신을 모셨다.

하타족은 신사 일대를 농경지로 만들고, 뛰어난 기술력을 바탕으로 빠르게 세력을 키웠다. 하타족과 관련 있는 또 하나의 신사를 찾았다. 후시미 이나리 신사다. 일본 전국에 3만여 개의 분사를 둔 대본산으로 이 신사의 시조는 고대 한국인이다.

상업신으로 유명한 이 신사는 기업인들이 사업의 번창을 빌기 위해 많이 찾는 곳이다. 신사 안에는 4킬로미터에 걸쳐 '도리이'라는 주황색 기둥이 5,000개 이상 늘어서 있다. 전부 기업인들이 자신들의 성공을 기원하며 봉납한 것들이다. 붉은 터널이 장관을 이루는 도리이 길은 사람들에게 좋은 산책로가 되기도 한다.

교토 장인의 자존심

도자기가 유명한 교토에선 거리마다 아기자기한 도자기 공방을 만날

1　2
———
3　4

1　가이코노(양잠) 신사의 나무 도리이.
2　양잠의 신이 모셔진 신당.
3　입에 실과 실패가 물린 여우상.
4　4킬로미터에 걸쳐 5,000개의 도리이가 늘어선
　 후시미 이나리 신사.

수 있다. 형형색색의 도자기들이 내 눈을 잡아끈다. 1,200여 년의 전통을 자랑하는 교토 도자기는 장인들이 지켜온 오랜 자존심이다. 활짝 열려 있는 공방의 문, 누구나 장인들의 작업을 가까이에서 지켜볼 수 있다. 섬세한 손끝에서 빚어진 작은 그릇들에서 고집스러운 장인 정신이 느껴진다. 교토인들의 저력을 가장 잘 볼 수 있는 도자기 공방에서 지금까지 교토를 지켜온 사람들은 권세가들이 아니라 도공들 같은 서민들이 아닐까 생각해봤다.

막 구워 나온 접시에선 경쾌한 소리가 났다. 접시에 바른 유약이 온도 변화에 따라 미세하게 균열이 생기면서 나는 소리다. 작품의 미적 완성을 높이는 과정이다. 도자기 장인 다카시마 고슈는 일본 도자기 역사에 대해 잘 알고 있었다. 도요토미 히데요시가 한반도에서 도공들을 데려왔기 때문에 일본이 독창성을 갖게 된 시기는 그 이후라고 한다. 교토 도자기가 유명한 것은 중국이나 한반도에서 건너온 사람들의 기술과 능력 덕분이다. 그는 일본 도자기의 원류는 한국과 중국이라고 생각한다고 했다.

마이코들을 볼 수 있는 기온 거리

해질 무렵 교토 거리 전체가 오렌지 색깔로 물들었다. 오래된 건물들이 모여 있는 기온 거리. 그곳 골목에 들어선 사람들은 300년 전 모

1
—
2
—
3

1. 2 고급스런 장인정신이 느껴지는 형형색색의
     교토 도자기들.
3   교토 장인의 손길.

습 그대로 연회석을 빛내는 마이코들을 만난다는 생각에 기대에 찬 얼굴들이다. 기온 거리에서 느끼는 교토의 매력은 잘 보존된 역사적인 건물과 전통문화를 직접 경험할 수 있다는 점이다. 마이코들의 이야기를 듣고 싶어 직접 설득에 나섰다. 잠시 이야기를 나누고 싶다고 하니 그들이 훈련받고 생활하는 곳으로 길을 안내했다.

게이샤 견습생인 마이코는 춤, 음악, 미술, 화법 등 다방면에 걸쳐 수년간의 험난한 정식 교육과정을 거쳐야만 게이샤로 인정받을 수 있다. 마이코가 되기 위해서는 중학교를 졸업하는 열여섯 살에 입문해야 한다. 마이코 10명 중 9명은 수련을 이겨내지 못하고 중도에 포기할 만큼 게이샤의 길은 멀고도 험하다. 게이샤는 일반적인 기녀가 아니라 엄격한 규율 속에서 완벽한 예능인이 되기 위해 자기를 완성시켜나가는 사람들이다.

마이코 사야카와 교카는 19세였다. 그들은 기온 거리를 다니는 마이코가 너무 예뻐서 동경하다가 마이코의 길로 들어서게 되었다고 했다. 많은 사람들이 마이코를 보려고 모여 있으면 기분이 어떠냐고 물었다. 사람들이 마치 예쁜 인형을 보듯 자신들을 바라보는 것이 기쁘다고 대답했다. 상당히 정중한 말씨가 무척 인상적이어서 지금 사용하고 있는 말씨가 교토의 전통적인 옛말이냐고 물었다. 그러자 선배들에게 배운 교토 화류계의 독특한 말씨라고 설명해줬다. 가족들과는 전혀 연락하지 않는다고 했다. 이유를 물으니 마이코들은 핸드폰을 갖지 못하게 되어 있고 전화를 자주 하게 되면 집 생각이 나고 전에

교토 사람들에게 전통은 삶속에 살아 있고
현대와 함께 재탄생된다.

사용하던 말투로 돌아가기 때문에 가급적 연락은 피한다고 했다. 마이코 생활의 엄격함은 여기에 들어와서 알게 되었으며 마이코가 되고 나서는 잘 견디고 있지만 처음 1년간은 좌절해서 그만둘 뻔했었다는 말도 덧붙였다.

마이코에게 전통이란 무엇인지 물었다. 300년 전통의 화류계가 오늘날까지 명맥을 이어올 수 있었던 것은 선·후배의 힘과 노력, 관계 덕분이라고 답하며 지금까지 지켜온 것들을 잘 이어가도록 노력할 것이라는 말도 잊지 않았다.

기온 거리에 어둠이 내려앉았다. 일본인들에게 전통은 역사 속 한자리에 머물러 있는 것이 아니다. 전통은 그들의 삶속에 살아 있고 현대와 함께 어울려 재탄생된다. 바로 그 점이 교토가 갖는 큰 힘이 아닐까. 그 중심에 서 있는 사람들이 바로 서민들이다. 자신들의 전통, 옛것에 대한 사랑과 애정이 오늘의 교토를 만들었을 것이다.

히로가와 마을의 풍년 기원 축제

교토 시내에서 북쪽으로 약 1시간 떨어진 히로가와 마을로 달려갔다. 이곳에서 이번 여름을 마지막으로 장식하는 축제가 벌어지고 있었다. 17세기 초 에도 시대부터 시작된 이 축제는 불의 수호신인 아타고신에게 불을 바쳐 풍작과 화재예방 등을 기원하는 전통적인 행사다.

토로기 기둥을 쓰러뜨리는 축제의 마지막 의식.

　70여 가구가 사는 마을에서 매년 8월 24일이면 어김없이 축제가 펼쳐진다. 각 가정마다 편백나무 33다발을 가지고 와서 불기둥을 만들고 주변을 밝힌다. 편백나무를 끈으로 엮어 불기둥 안으로 던져넣을 준비를 한다. 마을 사람들은 엄숙하고 진지하게 1년간 준비해온 나무 다발에 조심스럽게 불을 붙여간다.

　드디어 20여 미터나 되는 토로기라는 나무 불기둥을 세우고, 불 속에 나무 다발을 넣어 불똥을 하늘로 날린다. 토로기 기둥을 쓰러뜨리는 것이 축제의 마지막 의식이다. 지금까지 그래왔듯이 앞으로도 전통과 역사는 그들의 생활 그 자체일 것이다. 환한 불빛 속에서 교토는 더 짙고 깊은 향기를 품은 매혹적인 도시로 거듭났다.

니시진오리 회관에서 열린 기모노 패션쇼.

니시진오리 회관의 기모노 패션쇼

교토에서 예술과 공예의 전통을 이어가는 또 다른 곳을 찾아갔다. 바로 니시진오리 회관에서 열리는 기모노 패션쇼다. 화려한 기모노의 자태가 사람들은 눈길을 사로잡는다. 쇼에 나온 기모노는 모두 니시진오리라는 직물로 만든 것이다. 니시진오리는 교토 니시진에서 나는 고급 비단을 말하는데, 염색한 비단실을 짜서 만들기 때문에 무늬가 섬세하고 화려하기로 유명하다.

지금도 전통적인 방법 그대로 니시진오리를 제작하는 장인들을 직접 만나볼 수 있었다.

1
—
2
—
3

1   염색한 비단실을 짜서 만드는 고급 비단 니시진오리.
2. 3 니시진오리 회관에서 전통 방식으로 니시진오리를 제
     작하는 장인들.

니시진오리 장인 히라노 기쿠보 씨는 갖가지 색실로 무늬를 엮어 짜는 '츠츠레오리'를 만들고 있었다. 니시진오리는 정교함과 아름다움 때문에 최고급 명품으로 평가받으며 일본 왕실과 귀족들의 전통 의상에 사용되어왔다. 장인은 손톱으로 실을 긁어당겨 니시진오리를 만든다. 작업을 위해 원래 끝이 둥근 손톱을 도구로 일부러 울퉁불퉁하게 만드는 모습을 보니 말 그대로 장인정신이 느껴졌다. 한 땀 한 땀 정성으로 만든 옷감이 명품이 되는 것은 당연한 일. 이것이 교토의 전통을 지키는 한 단면이라는 생각이 들었다.

3대 절경 아마노하시다테

니시진오리가 사람이 만든 명품이라면 자연이 만든 명품도 있다. 미야기현의 마쓰시마섬, 히로시마현의 이쓰쿠시마섬과 함께 일본 3대 절경으로 꼽히는 교토의 아마노하시다테다. 하늘과 땅을 이어주는 다리, 아마노하시다테를 보기 위해서 케이블카를 타고 올라간다.

이곳에 오면 사람들이 빼놓지 않고 취하는 자세가 있다. 허리를 숙여 다리 사이로 아마노하시다테를 거꾸로 보는 것이다. 그 모습이 하늘에 걸쳐진 다리처럼 보인다. 또 한 가지는 공중에 설치된 작은 동그라미 조형물 안에 돌을 던지는 것이다. 돌이 동그라미 안으로 통과하면 소원이 이루어진다고 한다. 사람들은 가족의 건강부터 인생의 다양한 소망들을 기원하고 있었다.

사실 아마노하시다테는 8,000여 그루의 소나무가 모여 있는, 길이 3.6킬로미터의 모래밭이다. 눈이 오는 소나무 군락은 거대한 수묵화 같았다. 빛과 어둠, 채움과 비움으로만 표현한 그림. 눈과 함께 절경이 대장관을 이룬다.

일본의 백사청송 100선 교토 고토비키하마 해변

동해를 따라 푸른 소나무와 하얀 백사장이 끝없이 이어지고 바다 트래킹의 묘미가 느껴진다.

돗토리시에서 교토부 교탄고시까지, 동해를 따라 푸른 소나무와 하얀 백사장이 끝없이 이어지는 길. 이 지역의 해안선은 산인해안 국립공원으로 지정되어 있다. 그중에서도 '일본의 백사청송 100선' 중 하나로 손꼽히는 고토비키하마 해변으로 갔다.

가까이 다가가보니 쓰레기가 떠내려와 있다. 조류의 영향으로 멀리서부터 쓰레기가 떠밀려 오는데 우리나라 쓰레기도 적지 않게 발견된

다. 자연 그대로 아름다운 모습을 보존하기 위해 주민들이 청소를 하고 있었다. 해변을 깨끗하게 지키는 귀한 손길이다. 고토비키하마 해변에는 아름다운 풍경 외에 한 가지 비밀이 숨어 있다. 겨울철에는 거친 파도에 모래가 깨끗하게 씻겨서 조금만 밟아도 소리가 난다는 것이다. 고토비키하마 해변 모래의 주성분은 석영인데 작은 입자들이 서로 마찰하면서 소리를 내는 것이다.

있는 그대로의 자연을 지켜내는 것처럼 전통적인 모습 그대로 살아가는 곳. 교토부 이네 마을을 찾았다. 이네만을 따라 둥글게 자리 잡은 독특한 건물들은 중요전통건축물 보존지구인 '후나야'다. 우리말로 '뱃집'이라는 뜻의 후나야는 말 그대로 배를 보관하는 건물이다. 1층은 선착장, 2층은 주거용으로 사용하는데 지금은 230채가 남아 있다.

수상택시를 타고 마을을 한 바퀴 돌아보기로 했다. 바다로 향해 있는 후나야는 바다에서 바라보는 것이 진면목이다. 마치 물 위에 떠 있는 듯한 집들이 신기하게 보인다. 원래는 초가집이었던 후나야를 1950년대에 방어잡이가 풍년이 들면서 지금처럼 기와집으로 보수했다고 한다.

평생을 이곳에서 나고 자란 가토 할머니 집을 찾았다. 후나야는 뱃집이고, 사람이 사는 안채는 따로 있다. 할머니는 50년이 넘는 세월 동안 하루도 빠짐없이 할아버지가 고기잡이 나갈 때 배웅을 해주고 돌아올 때 마중을 해준다고 했다. 잡아온 물고기를 손질하는 일도 돕는다. 가토 할머니는 평생 한결같이 남편과 함께 일을 해왔다. 드디어

배를 보관하는 창고로 쓰였던 후나야(뱃집)들.

할아버지가 바다에서 돌아오셨다. 오늘의 어획물은 오징어다. 살가운 대화는 없지만 말하지 않아도 통하는 담담한 부부의 모습에 깊은 정이 느껴진다. 후나야처럼 옛 모습 그대로 살아가는 삶이 느껴진다.

후나야를 개조해 민박집으로 사용하는 곳도 있었다. 민박이라고 하지만 깔끔한 일본식 방은 호텔 내부가 부럽지 않다. 외지에 나갔다 다시 고향으로 돌아온 젊은 부부가 운영하는 민박집이 있었다. 남편은 전문 요리사다. 오늘의 메인 요리는 방어 샤브샤브와 신선한 해산물이다. 아름다운 경치를 지닌 마을에 사는 것이 행복하다는 민박집 부부의 모습에서 소박한 삶이 느껴졌다.

기노사키 온천문화

온천의 나라 일본에서도 몇 안 되는 독특한 온천문화를 경험할 수 있다는 효고현의 기노사키를 찾아갔다. 기노사키 온천마을에서 숙박을 하면서 본인이 묵는 료칸의 게다를 신고 7개의 온천을 두루 다니며 즐기는 온천순례가 바로 그것이다. 버드나무가 늘어진 온천가로 들어가니 게다를 신고 유카타를 입은 사람들이 한 손에는 목욕가방을 들고 온천을 돌아다닌다. 7개의 온천을 모두 돌면 칠복을 받을 수 있다고 전해진다.

어느새 밤이 되었다. 온천 순례는 밤이 되어도 멈출 줄을 모른다. 밤이 되니 밝은 낮과는 분위기가 달라서 온천가 풍경이 더 예쁘다고 말하는 여성 관광객도 있다. 7개의 온천은 각기 다른 효능이 있다고 하는데 사람들이 가장 많이 찾는다는 고쇼노유 온천의 효능이 궁금했다. 이곳 온천수에는 피부가 매끈매끈해지는 효능이 있다고 한다. 그래서인지 이곳에서 목욕을 하면 미인이 된다고 하여 '미인탕'이라는 별명도 있었다.

하루 종일 온천을 하면서 피로를 푼 사람들로 붐비는 곳, 바로 오락실이다. 일본에서도 이런 옛날 오락실은 주로 온천가에서만 찾아볼 수 있다고 한다. 어른들에게는 향수를, 아이들에게는 새로운 추억을 선사하는 기노사키의 밤은 오래도록 잠들지 않았다.

기노사키에는 독특한 유래를 가진 절이 있다. 바로 온센지温泉寺다.

밤 늦도록 계속되는 기노사키 온천 순례와 온천 원천에 익힌 온천달걀.

도치 쇼닌이라는 스님이 천일 동안 수행을 하니 온천수가 뿜어져 나왔는데 이것이 지금의 기노사키 온천이라는 이야기가 전해져 내려온다. 1,300년 전 천일의 수행 끝에 온천을 통해 사람들의 고통을 덜어주었다는 도치 쇼닌. 마을의 상징적인 인물이다. '목욕을 할 때 스스로 온천수를 뜨는 것이 아니라 도치 쇼닌이 떠주신 물을 자기 몸에 뿌리는 것이라는 감사의 마음을 가져라.' 온천하는 마음가짐에 대한 안내문이 벽에 붙어 있다. 역시 일본인들과 목욕은 떼려야 뗄 수 없는 생활의 일부분이다.

온센지를 내려오니 김이 모락모락 나는 곳에 사람들이 웅성웅성 모여 있다. 무언가를 기다리고 있는 것처럼 보였다. 가까이 다가가 보니 온천 원천에 달걀을 익히고 있었다. 달걀을 망에 넣고 윗부분을 묶은 뒤에 온천 원천에 담가놓고 10분 정도 기다리면 완성된다. 달걀 속이 젤리처럼 부드럽게 익은 상태를 온천달걀이라고 부른다. 먹음직스러운 온천달걀은 남녀노소 누구나 좋아하는 맛있는 간식이다.

철인 28호, 케이크, 소고기로 유명한 고베

기노사키에서 피로를 풀고 마지막 목적지, 효고현의 중심 고베시로 향했다. 고베는 1868년 미·일 수호통상조약에 의해 개항한 이래 일본 제3의 무역항으로 성장했다. 항구에 우뚝 솟은 고베 포트 타워는 고

항구에 우뚝 솟은 고베 포트 타워는 고베의 상징이다.

베의 상징이다. 108미터 높이의 전망대에 오르면 롯코산 아래 펼쳐진 고베시부터 인공섬 포트 아일랜드, 조선소까지 360도 모든 방향에서 고베를 조망할 수 있다.

일찌감치 문호를 개방하게 된 고베에는 지금도 외국인들의 문화가 남아 있다. 바로 카페 문화다. 고베는 지금도 일본에서 예쁜 카페와 맛있는 케이크, 디저트로 유명하다. 달콤한 케이크와 함께 이국적인 분위기를 만끽할 수 있는 도시다.

그리고 또 하나의 흔적. 개항 당시 외국인들이 사용했던 옛 건물이 남아 있는 구 거류지가 있다.

지붕 위 풍향계로 유명한 아르누보 양식의 주택.

마치 유럽에 온 듯한 느낌을 주는 고베 기타노 이진칸異人館 거리는 개항 당시 영사관과 외국인들이 거주했던 주택들이 모여 있던 곳이다. 한때 200여 채 정도의 이진칸이 이곳에 있었다고 한다. 각국에서 사람들이 모여 교회와 학교도 생겨났다. 그 건물들은 현재 박물관이나 미술관으로 사용되고 있다.

여러 주택들 중 지붕 위의 풍향계로 유명한 집을 구경했다. 풍향계는 바람이 어느 쪽에서 부는 것인지 알려주는 역할을 하지만 이 지역에서는 악마로부터 집을 지켜준다는 전설이 내려온다고 한다.

독일인 무역상 부부와 딸, 이렇게 세 식구가 살았던 아르누보 양식의 집 내부는 19세기 당시 분위기를 재현해놓았다. 남아 있는 몇 장의 사진들이 개항 당시 상황을 짐작하게 한다. 그 당시에는 집 앞을 가리는 건물이 없었기 때문에 바다가 훤히 보였다고 한다. 무역상인 집주인은 집 안에서 창밖으로 항구에 자기 배가 들어는 것을 보고 바로 바다로 나갈 수 있었다.

멀리 보이는 항구에는 고베의 슬픈 모습이 남아 있다. 우리에게는 고베 대지진으로 더 익숙한 한신 아와지 대지진의 흔적이다. 1995년 1월 17일 리히터 규모 7.2의 지진은 한순간 6,300여 명의 목숨을 앗아가고 1,400억 달러 규모의 피해를 남겼다. 지진의 잔해가 눈에 들어왔다. 그때의 참상을 잊지 않기 위해서 지진 당시에 무너진 항구의 일부를 보존해놓은 것이다.

고베는 참담했던 과거를 극복하고 재기에 성공한 도시다. 고베 시민들에게 희망과 용기를 주기 위한 많은 노력들이 있었기에 지금의 모습이 가능했다. '철인 28호' 기념물 기획도 그런 노력 가운데 하나다. 한신 아와지 대지진 복구의 상징으로 지역주민이 합심해서 만들었다. 특히 피해가 극심했던 니가타 지역은 재난을 무사히 극복해냈다는 희망의 상징이 필요했다. 철인 28호의 강한 이미지가 주민들의 기운을 북돋워 준다. 아이들도 그 앞에서 놀며 즐거워한다. 만화에 나오는 크기 그대로 높이 15미터로 제작되었다. 고베시 전역에 50대의 철인 28호 자판기를 설치해서 수익금의 일부와 모금을 더해 2009년에 기념물을 완공했다. 지금은 사람들에게 부흥의 아이콘으로 자리 잡았다.

　케이크와 함께 손꼽히는 고베의 유명 먹을거리는 바로 소고기다. 그
중에서도 철판 요리가 인기다. 붉은 살과 지방의 비율, 기름에 포함되
는 맛 성분 등 일정 기준을 넘어야 고베 소고기로 인정받는다. 유난히
지방이 많아서 부드럽기로 유명한 고베 소고기는 사육과정이 철저히
비밀에 붙여진다고 한다. 요리사는 고베 소고기 인증서를 보여주며
고베 소 한 마리당 두 장밖에 받을 수 없는 증명서라고 알려준다. 인
증서가 있는 가게는 틀림없이 고베 소고기를 취급하는 가게라고 한
다. 일본에서도 고급 소고기에 속하는 고베 소고기는 과연 어떤 맛일
까? 요리사의 화려한 손놀림도 좋지만 고기에 먼저 눈길이 간다. 지글
지글 고기 익는 소리에 군침이 저절로 넘어간다. 그 맛은 한 입 먹으
니 입안에서 사르르 녹아버리는 부드러움 그 자체다.

　어둠이 내려온 도시는 색색의 조명으로 얼굴을 밝힌다. 아름다운
항구도시 고베의 여행이 저물어간다.

1   고베의 예쁜 카페와 맛있는 케이크.
2   지방이 많아 부드럽기로 유명한 고베 소고기 요리.
3   아름다운 항구도시 고베의 밤 풍경.

희망이 머무는 섬
오키나와

— 박현민

기적의 1마일
국제거리

창조주의 사랑을 독차지하듯 오키나와는 온통 색다른 아름다움으로 채색되어 있다. 이곳에서 사람에 취하고 물빛에 취하고 하늘빛에 취하며 영글어가는 희망을 본다.

일본 규슈 남부에서 타이완에 이르는 넓은 해역에 점점이 퍼져 있는 오키나와현의 중심 도시 나하에 도착했다. 나하시의 심장인 국제거리는 1년 내내 관광객의 발걸음으로 넘쳐난다. 오키나와를 찾는 한해 관광객은 500만 명 정도다. 2차 세계대전 후 급속한 재건이 이루어져 '기적의 1마일'이라고도 불리는 국제거리는 새로운 오키나와의 상징이기도 하다.

거리에 피리를 부는 청년이 있다. 오가는 손님을 유혹하는 빗자루

1년 내내 관광객들로 넘쳐나는 오키나와 국제거리.

피리 소리가 아직 국제거리를 낯설어 하는 내게 다정스레 말을 건다. 온갖 선물가게며 음식점, 옷가게가 어우러져 볼거리가 많은 국제거리는 아기자기함까지 더해져 눈을 즐겁게 한다. 햇살 넘치는 고장답게 화사하면서도 해학적인 미소를 띤 인형이 반갑게 인사를 하는가 하면 복을 부른다는 고양이, 마네키네코 인형은 간판 위에 매달려 해맑은 얼굴로 손짓한다. 거리 곳곳에 넉살좋게 자리 잡은 인형들은 오가는 사람들의 좋은 친구가 된다.

거리 한쪽에선 고양이 한 마리가 사람들의 시선을 붙잡는다. 일본 사람들의 고양이 사랑은 유별난 데가 있다. 만져보고, 얼러보고, 카메라 셔터를 눌러댄다. 고양이는 좀체 눈을 뜰 줄 모른다. 카메라 플래

시 때문에 눈을 감는 습관이 생겼다고 한다. 관광객은 이 모습을 사진으로 남긴다. 낯선 여행자에겐 소소한 것 하나하나가 새로움으로 다가온다. 고양이의 작은 움직임 하나까지도 새롭다.

오키나와의 식탁, 마키시 공설시장

매일매일 첫 발걸음을 내딛는 여행자들로 국제거리는 여전히 분주하다. 국제거리 남쪽으로 한발 들여놓으면 평화거리 상점가가 미로처럼 뻗어 있다. 2차 세계대전 후 암시장에서 발전한 이곳 상점가는 온갖 상품들이 한데 모이는 곳이다. 안쪽으로는 '오키나와의 식탁'이라 불리는 마키시 공설시장이 있다. 오키나와에서 차려지는 모든 밥상의 음식은 이곳 시장을 거친다는 말이 있을 정도로 활기 넘치는 곳이다.

특히 오키나와 푸른 바다에서 건져올린 싱싱한 생선들로 가득하다. 열대의 바다를 누볐던 녀석들답게 알록달록 그 색깔도, 모양도 이국적이다. 장보러 온 주민들과 사람 사는 냄새를 맛보러 온 여행자들이 뒤섞여 시장은 하루종일 붐빈다.

오가는 사람들 틈으로 우스꽝스럽게 생긴 생선 한 마리가 눈에 들어왔다. 독은 없고 가시가 많은 가시복이다. 총천연색으로 단장한 생선이 보였다. 오키나와에서는 이라부치(파랑비늘돔)라고 부르는 생선으로 구워서 먹기에는 맛이 덜해 주로 회로 먹는다고 한다. 비릿한 생선

1   오키나와 식탁으로 불리는 마키시 시장의 싱싱한 생선.
2   선글라스에 꽃 장식까지한 익살스러운 돼지 모습.

오키나와의 대표적 교통수단 모노레일.

냄새마저 열대의 정취로 느껴진다.

오키나와 사람들의 돼지 사랑은 좀 유별난 데가 있다. '돼지 목에 진주목걸이'라는 얘긴 들어봤지만 선글라스에 꽃 장식이라니. 익살스러운 모습이 왠지 잘 어울린다.

국제거리 위엔 걸어보지 않으면 느낄 수 없는 즐거움이 곳곳에서 기다린다. 국제거리 한쪽 끝으로는 오키나와의 또 다른 상징인 모노레일이 다닌다. 2003년 개통된 모노레일은 하루 평균 4만여 명의 승객이 이용하는 오키나와의 대표적인 교통수단이다. 나하시의 번화가를 관통하기 때문에 현지 사람들뿐 아니라 관광객들도 즐겨 탄다. 시원스레 뻗은 레일을 따라 허공을 가로지르다 보면 쏟아지는 햇살 아래 오키나와가 수줍게 속살을 드러내고 나하시의 전경을 보여준다.

길이만도 1,000킬로미터에 이르는 오키나와현은 그야말로 '섬들의 고향'이다. 크고 작은 160개의 섬이 동중국해를 따라 점점 떠 있고, 1년 내내 햇살 가득한 아열대 기후 속에 투명한 산호초 바다와 풍부한 자연자원, 그리고 일본 본토와는 전혀 다른 문화적인 전통으로 오키나와는 빛을 발한다.

화려한 슈리성과 소박한 류큐무라

모노레일을 타고 도착한 곳은 류큐 왕국의 옛 이야기가 고스란히 남아 있는 슈리성 공원이다. 푸르른 하늘 아래 온통 붉은색으로 치장한 슈리성이 광채를 내뿜으며 앉아 있다. 슈리성은 15세기 초부터 450여 년간 오키나와의 주인이었던 류큐 왕국의 본산지다. 동북아시아와 동남아시아를 종횡으로 이으며 독자적인 역사를 구축했던 나라답게, 슈리성은 다양한 문화의 흔적을 고스란히 담고 있다.

류큐 왕국은 해상 중계무역을 통해 번영을 누렸다. 하지만 450년 왕국의 역사는 1879년, 일본 메이지 정부에 의해 막을 내리고 강제 병합되고 만다. 그 후 가려지고 묻혔던 오키나와의 옛 이야기는 이제 새롭게 오키나와 사람들을 깨우고 있다.

변방 지역인 오키나와는 일본 내에서 차별을 많이 받아왔기에 오키

450여 년간 오키나와를 다스린 류큐 왕국의 본산지 슈리성.

나와 출신이라는 것을 숨기는 사람이 많았다. 현재 오키나와의 젊은
이들은 오키나와의 훌륭한 문화를 일본 본토와 외국에 많이 전하고
있다. 류큐 왕국이 일본 내에서 유일한 독립국가였다는 역사를 전면
에 내세우며 그것을 자랑스럽게 여긴다. 슈리성에 전시된 왕관이 류
큐 왕국의 기품과 자부심을 드러내는 듯하다. 항상 바다 저편을 상상
하고, 바다의 끝을 향해 나갔던 사람들. 그들의 생각과 삶의 흔적들은
이제 오키나와가 자랑하는 문화로 되살아나고 있다.

　슈리성에서 왕국의 찬란했던 영화를 볼 수 있다면 민가를 한자리
에 모아놓은 민속촌인 류큐무라에서는 소박했던 삶의 자취를 느낄

수 있다. 사자 모양의 수호신 '시사'를 뒤로하고 마을 안으로 들어서자 우리네 촌락처럼 정겨운 풍경이 다가선다. 따뜻한 남쪽 나라답게 사방이 탁 트인 가옥구조를 이루고 있다. 부엌 역시 마루와 연결되어 개방감이 돋보인다. 사람 사는 건 어디나 비슷한가 보다. 수북이 쌓아놓은 장작과 옛사람들의 체온이 고스란히 전해지는 작은 항아리들이 정답게 느껴진다.

태풍과 바람 피해가 많은 오키나와에선 예로부터 지붕에 특히 신경을 많이 썼다고 한다. 그래서 생각해낸 것이 대나무 지붕 사이사이를 오키나와에서 많이 나는 산호로 단단히 짓이겨넣는 방법이었다. 매년 지진이나 태풍이 오기 때문에 바람이 불어와도 지붕이 무너지지 않도록 위로부터의 균형을 잘 맞춰서 만든 것이다.

집을 지키고 계시던 할머니의 흥겨운 춤사위 한마당이 펼쳐진다. 머리 위에 위태롭게 서 있는 술병이 맘을 졸이게 하지만, 할머니의 편안한 표정 덕에 구경꾼들도 박자에 맞춰 고개를 끄덕거린다. 마을 한복판에서도 신나는 춤판이 벌어져 춤추는 사람들로 가득하다. 백성들이 농사지을 때 췄다는 '마미도마'라는 춤을 볼 수 있었다. 하루하루 짊어진 노동의 고통도, 생활의 시름도 한바탕 춤과 함께 잊었을 것이다. 어느새 구경꾼들도 모두 하나가 되어 흥겨운 가락에 몸을 맡긴다. 익살스런 표정의 아가씨들이 할머니의 몸놀림에 박자를 맞춰준다. 그렇게 사람들은 눈을 맞추고 마음을 열며 잠시나마 하나가 된다.

1   　사자 모양의 수호신 시사.
2   　류큐 왕국의 민가를 모아놓은 류큐무라.
3   　한 민가에서 펼쳐진 할머니의 춤사위.

장수 돼지고기 요리와 슈라우미 수족관

뜨겁게 내리쬐던 햇빛도 자취를 감추고 도시에 어둠이 깃든다. 해가 지면 배고픔도 밀려온다. 오키나와 전통요리를 맛볼 수 있는 곳을 찾았다. 장수촌으로 유명한 오키나와에서 전통음식은 장수의 비결로 각광받고 있다. 오키나와 음식의 가장 큰 특징은 돼지고기를 많이 사용한다는 점이다. '돼지 목소리 빼곤 다 먹는다'는 말이 있을 정도로 오키나와 사람들의 '돼지고기 사랑'은 각별하다.

소박하지만 정갈하게 놓인 밥상에 옛사람들의 지혜가 더해져 한상 푸짐하게 오른다. 장수를 위한 건강한 상차림이다. 오키나와는 돼지고기의 나라라고 할 정도로 왕조 시대부터 돼지고기로 요리를 해왔다. 콜라겐이 많아 피부와 관절에 좋다는 돼지고기 요리, 테비치에 오키나와 푸른 바다에서 건져올린 싱싱한 생선, 그리고 아열대 기후에서 자란 채소까지 곁들여지니 세상 그 어느 진수성찬이 부럽지 않다.

게다가 식사를 하면서 공연도 함께 감상할 수 있었다. 그날 밤 입으로는 음식을 먹고, 귀로는 좋은 음악을 감상하며 오키나와를 느낄 수 있었다.

맑은 하늘을 가르며 내가 찾은 곳은 오키나와섬의 북부 지역이다. 푸른 바다를 뒤로하고 슈라우미 수족관이 자리하고 있다. '세계 최대, 세계 최초'라는 거창한 타이틀을 내걸고 있는 이 수족관엔 해마다 400만 명이 넘는 관광객이 발걸음을 한다고 한다. 오키나와의 바다를

	1	2
	3	4

1. 2 전통 돼지고기 요리와 소박하지만 정갈하게 놓인 밥상.
3   오키나와 바다를 그대로 재현한 슈라우미 수족관에
       는 총 750종, 2만 1,000마리의 다양한 물고기들을
       전시하고 있다.

식사를 하며 공연을 감상할 수 있는 오키나와 식당.

그대로 재현했다는 수조 안에서 화려한 의상으로 치장한 열대어들이
하늘하늘 춤추는가 하면, 우스꽝스럽게 생긴 녀석도 으스대듯 자태를
뽐내고 있다.

수족관의 압권은 기네스북에도 올랐다는 초대형 수조다. 폭 22미
터, 높이 8미터에 이르는 대형 수조 앞에 서니 마치 태평양 어느 깊은
바다 한가운데 서 있는 듯하다.

슈라우미 수족관에는 총 750종, 2만 1,000마리의 물고기들이 있다.
수족관의 또 다른 특징 하나는 오키나와 근해에 서식하고 있는 물고
기들만 전시하고 있다는 점이다. 길이 10미터가 넘는다는 고래상어는
수족관의 자랑이다. 지구상에 존재하는 물고기 중 가장 크다고 한다.

몸집은 크지만 한없이 온순하다는 고래상어는 먹이를 먹는 건지 물을 집어삼키는 건지 구분이 되지 않는다. 그 모습에 주위가 한바탕 떠들썩해진다. 한없이 깊고 푸른 바다 한가운데에서 사람들은 어린 날 꿈꾸던 해저 여행 속으로 빠져든다.

파인애플 파크와 류큐 유리마을

오키나와 나고시에 있는 파인애플 파크로 이동했다. 바닷속을 빠져나와 푸르른 하늘 아래 아열대의 낙원에 온 것 같다. 파인애플 파크를 둘러보려면 귀엽고 앙증맞게 생긴 파인애플 자동차를 타야 한다. 사람의 도움 없이도 알아서 척척 움직이는 이 자동차는 버튼 하나 누르면 스스로 제 갈 길을 찾아간다. 한국 관광객이 제법 찾는 곳인지 한국어 설명까지 친절하게 곁들여진다.

파인애플은 오키나와를 대표하는 과일이고 파인애플 파크는 그야말로 파인애플의 모든 것을 체험할 수 있는 테마파크다. 여유롭게 흘러가는 뭉게구름 사이로 야자수에 둘러싸인 파인애플밭이 그림처럼 펼쳐진다. 파인애플 파크에는 100여 종의 파인애플이 따사로운 햇살을 받으며 자라고 있다.

건물 안으로 들어서니 일본에서도 유일하다는 파인애플 자동 생산공정 시설이 있다. 이곳에서는 파인애플의 색다른 변신을 직접 볼 수

파인애플 파크를 둘러볼 수 있는 파인애플 자동차.

있다. 대량으로 생산되는 만큼 그 뒤처리 또한 기계가 척척 알아서 해준다. 이런 과정을 거치면 파인애플은 화려하게 옷을 갈아입는다. 이곳에서 생산하는 파인애플 와인은 네 가지 종류가 있다고 한다. 약간 단맛이 나는 와인, 약간 강한 맛이 나는 와인, 키스와인, 스파클링 와인 등이다. 파인애플 주스와 파인애플 껍질에서 짜낸 파인애플 식초도 여러 종류다. 파인애플 파크 실내 매장에는 와인에서부터 과자, 빵, 식초, 비누, 화장품까지 파인애플로 만든 다양한 제품들을 팔고 있었다. 파인애플의 변신은 끝이 없는 것 같다.

류큐 유리마을로 이동했다. 아기자기함으로 유명한 일본이지만, 오키나와에선 그 아기자기함에 자연이라는 옷이 입혀진다. 신비한 아름

장인의 손길을 거쳐 탄생되는 류큐 유리.

다음으로 유명한 류큐 유리에는 오키나와의 푸른 하늘과 바다가 깊게 투영되어 있다. 메이지 시대부터 시작됐다는 류큐 유리는 같은 모양, 같은 색깔이라도 미묘한 차이가 있어 독특한 매력을 풍긴다.

섭씨 1,000도가 넘는 화로에서 유리 하나하나에 따뜻한 온기를 불어넣는 장인의 손길이 없으면 불가능한 일이다. 격렬하고 거친 용광로를 빠져나온 반 액체 상태의 유리에 장인이 섬세한 숨결을 불어넣자 유리는 조금씩 제 모양을 드러낸다. 류큐 유리는 남국 오키나와에 있는 독특한 색을 만들어 사용하는 것이 하나의 특징이다. 깨끗한 하늘색, 바다색 등의 색상으로 표현되는데, 오키나와의 이미지 그 자체다. 유리는 또 한 번 격렬한 시련을 겪어야 하는데 섭씨 600도의 서냉고

에서 하루 밤낮을 보내며 몸을 달구고 담금질한다. 완성된 유리 공예품 하나하나에는 오키나와만의 독특한 색감에 장인의 상상력이 더해져 빛을 발한다.

구 해군사령부호와 평화기념공원

사방은 온통 푸른 기운으로 가득하지만 오키나와에선 슬픔의 냄새가 난다. 2차 세계대전 당시 일본 해군사령부가 있었던 지하방공호 구 해군사령부호에 도착했다.

1945년 3월 역사상 보기 드문 격렬한 전쟁의 불꽃이 오키나와 전체를 뒤덮었다. 오키나와는 일본에서 유일하게 지상전에 휘말리는 비운을 겪게 되었고, 90일간 지속된 철의 폭풍 속에 2만여 명의 생명이 스러져갔다. 일본군은 해군사령부를 마지막 저지선으로 삼아 끝까지 미군에 저항했고, 빛 한줌 들지 않는 방공호에서 수천 명의 젊은이들이 스스로 목숨을 끊어야 하는 상황에 내몰렸다.

당시 4,000명이 이 참호에 숨어서 항전했는데 사방에서 퍼붓는 공격으로 이길 수 없다고 판단, 1945년 6월 13일에 사령관 오오타 소장이 이 자리에서 자결하고, 나머지 군사들도 전부 자폭했다고 한다. 아직도 생생히 남아 있는 집단자살의 현장이다. 몸속 깊이 파고들었을 수류탄의 날카로운 흔적이 조용히 그날의 역사를 증언하고 있는 듯하다. 무언가 더 갖기 위해 시작한 전쟁은 모든 걸 다 빼앗기고 잃은 후에야 끝을 보게 되는 것일까.

오키나와의 비극이 여기서 멈추지 않았다는 것을 오키나와 평화기념공원에서 느낄 수 있었다. 일본군보다 더 많은 수의 오키나와 주민들이 총알받이로 내몰려 죽거나, 패주하는 일본군에 의해 자결을 강요당해 생을 마감했다. 그렇게 죽어간 사람이 당시 오키나와 주민의 4분의 1에 해당하는 10만여 명이다. 대부분의 민간인들은 항복을 허용하지 않는 일본군 때문에 동굴 안에 숨어 있다가 자결하거나, 일본군에 의해 동굴에서 쫓겨난 후 미군의 함포 사격에 의해 목숨을 잃었다. 사진 속 사람들을 보니 슬픔이 밀려온다. 어찌해 볼 수 없는 역사의 수레바퀴 밑에서 그들은 얼마나 힘들고 얼마나 절망스러웠을까. 아군에게도, 적군에게도, 그 누구에게도 보호받지 못하고 죽음에 이르게 된 사람들의 절규가 들리는 듯했다.

섬사람들의 삶을 헤집어놓은 역사의 상처는 평화를 염원하는 오키나와의 마음이 되어 희생자들의 이름을 한자 한자 묘비에 새겨놓았다. 묘비엔 적군도, 아군도, 민간인도 따로 없다. 단지 비극의 역사에 희생된 사람만 있을 뿐이다. 강제 징용을 끌려와 비참하게 생을 마감한 400여 명의 한국인 이름도 새겨져 있다. 역사는 그렇게 수많은 희생자만을 아프게 기억하고 있다.

치열한 전투의 현장이자 절망 어린 집단 자살의 현장인 마부니 언덕엔 그날을 기억하는 듯 세찬 바람이 불어댄다. 거친 파도보다 날카롭

1   오키나와 구 해군사령부 지하 방공호.
2   전쟁 희생자의 이름이 새겨진 평화기념공원의 묘비.

게 섬을 할퀴고 간 역사의 상흔은 지금도 그렇게 눈물 가득 서려 있다.

하늘과 바다, 자연의 모든 것이 아름다운 오키나와에 슬픔의 역사를 듣고 나니 가슴이 먹먹해졌다. 어쩌면 그 시간의 무게를 견뎠기에 오늘의 찬란함이 있는 것인지도 모른다. 그래서인지 오키나와 곳곳에서 보이는 것들을 가볍게 스쳐 보낼 수 없는 마음이 들었다.

이리오모테섬의 맹그로브숲

일본의 최남단 오키나와, 그중에서도 가장 남쪽에 위치한 야에야마 제도로 향한다. 한없이 투명한 산호빛 바다가 눈앞에 문득 다가선다. 다채롭게 빛나는 물빛 위로 살랑거리는 바람만이 평온한 섬의 정적을 깨트린다. 일본에서도 가장 남쪽이라는 이리오모테섬에 도착했다.

일본 최후의 비경으로 손꼽히는 이곳은 섬의 90퍼센트가 아열대의 정글로 뒤덮여 있다. 나카마강을 거슬러 올라가다 보면 울창한 맹그로브숲과 마주한다. 바다와 강이 만나는 곳에 자라나는 맹그로브 나무로 가득한 숲은 그야말로 자연자원의 보고다. 이름조차 알려지지 않은 귀중한 야생 동식물들이 사람의 손길이 미치지 않는 이곳을 마지막 안식처로 삼고 있다. 밀림 전체가 보호구역이라 유일하게 발을 디딜 수 있는 땅은 400년 된 천연기념물 사키시마스오 나무가 서 있는 곳뿐이다. 기기묘묘하게 뿌리를 내린 모습에 오랫동안 시선이 머문다.

400년 된 천연기념물 사키시마스오 나무의 기묘한 뿌리.

  땅 어디에서도 고요한 바다와 마주할 수 있는 이리오모테섬이 썰물 무렵이면 여행자들로 떠들썩해진다. 이리오모테섬과 그 옆에 바짝 다가앉은 유부섬을 이어주는 물소 수레를 타기 위함이다. 큰 눈에 눈물이 그렁그렁 맺혀 있을 것 같은 물소 한 마리가 고개를 땅에 처박은 채 용을 쓴다. 노인은 물소를 달래고 어르며 손님 맞을 채비에 여념이 없다.

  물소는 약 75년 전에 이시가키섬의 나구라촌 사람들이 농경에 쓰기 위해 타이완으로부터 들여왔다고 한다. 농기계에 제 할 일을 빼앗긴 물소는 새로운 일거리가 마음에 들까? 왠지 모를 설렘을 안고 나도 수레 한 귀퉁이에 몸을 실었다. 칠순을 훌쩍 넘겼을 법한 노인이

1. 2 이리오모테섬과 유부섬을 이어주는 물소 수레.

거칠고 마른 손마디로 오키나와 전통 악기 산센의 음계를 짚는다.

　얕은 바닷길 철퍽거리는 물소의 발걸음 위로 노인의 노래자락이 느릿하게 춤을 춘다.

하늘을 닮은 바다 카비라만

물소 수레를 뒤로하고 내가 찾은 곳은 이리오모테 온천이다. 이곳에선 모든 것이 '최남단'이라는 이름을 머리에 걸고 있다. 온천 주인은 이곳이 일본 최남단의 이리오모테 온천이라고 소개한다. 온천의 나라, 일본의 노천탕치곤 초라한 생김새지만, 최남단이라는 말에 왠지 특별한 느낌마저 든다. 고요하게 주변의 산과 하늘을 품은 온천탕. 그 맑고 투명함에 몸도 마음도 나른해진다. 여기에선 물소리마저 영롱한 음악처럼 빛이 난다.

　아열대의 남쪽나라에선 순식간에 마을에 비구름이 몰려와 한바탕 빗줄기가 쏟아지곤 한다. 그 빗줄기가 점점 내게로 다가와 냄새로 느껴진다. 빗방울이 지붕 위에서, 길바닥 위에서 요란하게 춤을 춘다. 그것도 잠시 언제 그랬냐는 듯 하늘은 금세 구름을 걷어내고 말간 얼굴을 내민다. 이처럼 종잡을 수 없는 하늘의 변화는 섬사람들을 겸손하게 한다. 그래서 섬 곳곳에는 바다의 평안과 안녕을 기원하는 사당이 자리하고 있다. 사람들은 머리를 조아리고 한없이 빌고 또 빌었을 것

1   일본 최남단 이리오모테 온천의 노천탕.
2   맑고 투명한 온천에서는 물소리마저 영롱하다.
3   하늘 빛깔을 품은 카비라만의 바다.

이다. 그들에게 바다는 생명의 또 다른 이름이었을 터이니 말이다. 그 기도가 하늘에 닿은 것일까.

　이시가키섬에 위치한 사당 앞에는 일본에서도 가장 아름답다는 바다 카비라만이 그림처럼 펼쳐져 있다. 누구나 한 번쯤 와보기를 꿈꾸는 곳이다. 변화무쌍한 농담에 영롱하게 빛나는 바다의 푸른 색감은 감탄사가 절로 나오게 한다. 바다는 늘 하늘의 색깔을 품는다. 하늘을 닮은 바다, 바다를 닮은 하늘 모두 푸른색의 얼굴을 하고 있다. 지나가던 구름도 흘러가는 시간도 잠시 몸을 누이는 곳 오키나와는 어디서나 푸르른 웃음을 짓고 있다.

　한가위 대보름날 다시 돌아온 슈리성에선 가을맞이 축제인 '중추연회'가 열리고 있었다. 류큐 왕국 시절, 중국 황제의 사신인 책봉사를 환영하여 열었던 '책봉칠연'이라는 공연이 한창이다. 우아하고 화려했던 왕조 시대의 영화가 눈앞에서 재연되고 있었다. 산센의 청아한 선율과 유려하게 흐르는 몸놀림에 가을밤의 정취가 무르익어간다.

오키나와 전통주 아와모리

오키나와를 얘기할 때 빠질 수 없는 것이 술이다. 섬사람답게 애주가가 많은 오키나와에선 '술' 하면 보통 아와모리를 뜻한다. 500년이 넘는 전통을 가지고 있는 아와모리는 일본술 사케와 달리 오래 숙성시

오랜 숙성으로 맛이 좋은 오키나와의 술. 아와모리.

킬수록 맛있다고 한다. 아와모리는 인디카 쌀을 원료로 한 증류주로 제조 공정은 간단하지만 오키나와 같이 아열대 기후에서만 만들 수 있다는 특징이 있다. 오래 묵을수록 맛있어진다는 점에서 매력적인 술이다. 옛날과 달리 지금은 대량생산되고 있지만 발효작업만큼은 전통 방식 그대로 옹기를 이용한다. 옹기는 동물처럼 숨을 쉬기 때문이다. 옹기 안의 작은 숨구멍을 통해 미생물과 신선한 공기가 드나들며 술을 알맞게 발효시키는 것이다. 발효 중인 아와모리를 보니 숨 쉬는 옹기 안에서 남국의 정취가 익어가는 것 같다.

아열대의 온화한 햇살을 받는 오키나와는 섬 곳곳에 다양한 얼굴을 새겨놓았다. 오키나와섬 남부에 위치한 오키나와 월드를 찾아갔다. 총 길이 5킬로미터에 달하는 종유동굴 교쿠센도가 끝을 알 수 없는 깊이를 드러낸다. 저마다 독특한 형상을 하며 쌓아올린 시간의 두께는 도무지 가늠할 수 없을 만큼 신비로워 보인다. 30만 년의 세월이 빚어낸 아름다움과 그 자연은 그렇게 늘 우리의 상상을 뛰어넘는다.

동굴의 신비로움을 가슴에 안은 채 열대식물의 천국 동남식물원으로 발길을 옮겼다.

바다 빛을 닮은 하늘을 지붕 삼아 열대식물들의 낙원이 펼쳐진다. 천국이 있다면 이런 모습일까? 바람에 한들거리는 이름 모를 들꽃도, 허공에 매달려 먹잇감을 기다리는 커다란 거미도, 그 모든 것이 여기에선 그대로 동화가 된다.

쏟아지는 햇살을 받으며 생명의 언덕으로 향하는 배에 오르니 아열대 숲과 꽃이 있는 자연 식물원 비오스의 언덕이 펼쳐진다. 33헥타르에 이르는 습지와 호수로 이루어진 곳으로 배를 타고 경관을 감상할 수 있다. 나무가, 숲이 뿜어내는 생명의 향기에 취하며 눈부시게 빛나는 삶의 경이로움에 머리를 숙인다. 오키나와에선 그렇게, 하늘 아래 모든 생명이 조화롭게 살찌고 있다.

문득 다시 나선 길에서 천애 절벽 위로 넓게 펼쳐진 벌판을 만난다.

1   독특한 형상의 종유동굴 교쿠센도.
2   열대식물의 천국, 동남식물원.
3   아열대 숲으로 이루어진 비오스 언덕.
4   만자모와 코끼리 모양의 바위.

만 명이 함께 앉을 수 있는 곳이라 하여 이름 붙여진 만자모가 푸른
바다를 친구 삼아 수평선과 얼굴을 맞대고 있다. 만자모 너머로 누가
일부러 만들어놓은 듯한 코끼리 모양의 바위가 서 있다. 파도가 만든
것일까, 바람이 만든 것일까. 바위 사이로 물빛이 뒤섞인다.

눈이 부셔서 마음이 시린 오키나와의 바다. 시원스레 내달리는 보
트 너머로 내가 가져온 호기심과 설렘을 내려놓는다.

석양 사이로 아쉬움과 미련은 사랑의 다른 이름이라는 말이 떠오른
다. 아쉬움과 미련을 남겨두기에 여행의 끝은 언제나 여백으로 남는다.

파도의 꽃이 피어나는 땅

이시카와

— 백항규

치리하마 나기사
드라이브웨이

북서풍에 실려 파도가 닿는 땅엔 파도를 닮은 사람들이 산다. 활기찬 아침시장에서 역동적인 북소리까지 바다를 닮은 사람들의 땅 이시카와로 떠난다. 동해와 맞닿아 있는 일본의 이시카와현은 비행기로 2시간이 채 걸리지 않는 가까운 곳이다.

이시카와현의 북쪽 노토 반도로 가는 길에 치리하마 나기사 드라이브웨이가 있다. 잠시 쉬어가는 고속도로 휴게소에서 모래성을 배경으로 사람들이 사진 찍기에 바쁘다. 꽤 잘 쌓은 모래성 앞에는 단체로 온 관광객들로 붐빈다.

치리하마는 총 8킬로미터 정도의 모래사장으로 일본에서 차가 달릴 수 있는 유일한 모래도로다. 자동차가 모래사장을 달릴 수 있는 건

차가 달릴 수 있는 유일한 모래도로, 치리하마 나기사 드라이브웨이.

고운 모래 때문이다. 일반 모래와 비교해 4분의 1 정도로 고운 모래에 바닷물이 스며들어 단단해져서 차가 달릴 수 있는 것이다.

차 안에서 겨울바다의 정취를 즐기는 사람들은 파도가 정말 예쁘다고 감탄을 연발한다. 여름에는 피서객으로 넘쳐났던 바다는 겨울엔 모래사장에서의 질주를 즐기려는 자동차로 붐빈다. 승용차와 트럭, 버스까지 달릴 수 있는 치리하마 나기사 드라이브웨이는 동해의 바다가 만든 풍경이다. 해변을 걷기만 하다가 차를 타고 드라이브를 하니 색다른 상쾌함이 느껴졌다. 시원하게 펼쳐진 바다와 탁 트인 경치가 이번 여행에 대한 기대감을 높여준다.

노토 반도의 북쪽 해안으로 이동했다. 재미있는 모양의 미쓰케지마섬이 사람들의 눈길을 끈다. '맨 처음 눈에 띈 섬'이라는 뜻을 가진 이 섬은 섬의 돌출된 모습이 군함과 닮았다 해서 군함도라고도 불리는 작은 섬이다. 섬 앞까지 연결된 돌다리는 연인들이 자연스레 손을 잡을 수 있는 데이트 코스다.

노토 반도 북쪽의 작은 어촌 와지마시는 인구 3만여 명의 작은 도시지만 노토 반도의 역사와 문화를 대표하는 곳이다. 노토 반도의 옛 지명은 노토구니다. 바다의 내음이 차가운 바람에 섞여 아침을 깨우면 하나둘 와지마 아침시장에 사람들이 모여든다. 와지마 아침시장은 아침 7시부터 12시까지 열리는 노천시장이다.

하루도 빠짐없이 문을 여는 상인은 대부분 할머니들이다. 궂은 날씨에도 불구하고 좌판을 벌인 할머니들끼리 아침인사가 한창이다. 35년째 자리를 지키며 손님을 맞는 할머니도 있다. 수십 년 한 자리를 지켰을 할머니들의 표정에서 와지마 아침시장의 역사를 본다. 와지마 아침시장은 예전에 저마다 생산물을 가지고 나와 물물교환을 하던 곳이다. 300미터가 조금 넘는 길이의 작은 규모지만 아침이면 어김없이 관광객들로 넘쳐난다.

시장에서 장사를 하려면 허가를 받아야 하고 모든 상인이 자신의 이름표를 걸고 장사를 한다. 물건을 사는 손님에게 명함까지 건네준

1 군함을 닮은 미쓰케지마섬.
2 와지마의 아침시장.

다. 어디서 샀는지 알 수 있고 문제가 생겼을 때 조치를 할 수 있기 때문이라고 한다. 노천시장이지만 손님을 위한 세심한 배려가 놀라웠다. 시장에는 싱싱한 해산물들이 풍성했다. 동해와 맞닿은 와지마는 겨울에 게가 제철이다. 일본에서도 게가 싸고 맛있기로 유명하다. 삶은 게는 불티나게 팔려나간다.

센마이다와 마가키 마을

1,000개의 밭이라는 뜻을 가진 센마이다로 향했다. 해변가에 위치한 계단식 다랭이 논이 눈에 들어온다. 해안 경사면에 만든 계단식 밭이 척박한 자연을 극복하고 살아온 와지마 사람들의 기질을 보여준다.

노토 반도 내륙 농촌의 민박집 춘란여관을 찾았다. 지역 활성화를 위해 '춘란의 마을'을 만들었는데 그때 첫 번째로 생긴 민박이 춘란여관이라고 한다. 말하자면 춘란여관은 마을에서 공동으로 운영하는 민박집이다. 전통적인 노토 반도 농가인 이곳에서 하룻밤을 보내기로 했다. 일본의 농촌도 대부분 노인들만 남았다. 젊은 사람들의 빈 자리를 대신해 고향을 지키는 사람들의 따뜻한 마음이 느껴졌다. 마을의 산과 강, 자연에서 난 식재료로 노부부가 손수 저녁식사를 준비해주었다.

여행의 마지막 날 노토 반도에서만 볼 수 있다는 마을을 찾아나섰

노토 반도의 전통적인 민박집 춘란여관의 노부부.

다. 나무 담장이 길을 따라 펼쳐지자 마을이 보이기 시작한다. 마가키 마을이라 불리는 곳이다. 마가키는 바람을 막기 위해 대나무 등으로 만든 울타리를 뜻한다. 겨울이 오면 동해와 마주보고 있는 마가키 마을에 거센 파도와 바람이 몰아친다. 거센 파도를 막기 위해 방파제를 설치하듯이 강한 북서풍을 막기 위해 대나무 담장을 두른 집들을 쉽게 볼 수 있다.

마가키는 5미터 높이의 참대나무를 잘라 적당히 바람이 통할 수 있도록 설치한다. 완전히 막아버리면 바람을 이기지 못하고 무너지기 때문이다. 모든 집이 담장을 설치하지는 않는다. 바닷가 집들이 두른 대나무 담장 덕분에 마을 안쪽의 집들은 한겨울에도 평온하다.

1   강한 바람을 막기 위해 해변가 집에 둘러친 대나무 울타리, 마가키.
2   노토 반도의 대표적인 민속 북춤인 '고진조 북춤'.
3   바람과 파도가 만들어낸 하얀 거품은 바다의 꽃이라 불린다.

노토 반도의 겨울바람은 파도에 꽃을 실어 보낸다. 추운 겨울 거센 파도가 바위를 치면 바위에 붙어 있던 플랑크톤들이 거품이 되어 바람에 날린다. 마가키 마을 사람들은 바람과 파도가 만들어내는 하얀 거품을 파도의 꽃이라 부른다.

노토 반도의 대표적인 민속 북춤인 '고진조 북춤'은 우에스키 겐신(뛰어난 군력을 지닌 무장으로 '군신'으로 불림)의 군대가 공격했을 때 마을 사람들이 해초로 뒤덮인 가면을 쓰고 적들을 물리친 것을 상징하는 북춤이다. '고진조 북춤'은 일본의 많은 북춤 중에서도 가장 강렬하고 박력이 넘친다. 바다와 바람과 파도의 소리를 닮은 북소리에서 이시카와의 역사와 활기를 느낀다.

자연은 사람의 기질을 만들고 사람은 그 자연을 닮은 문화를 만든다. 활기차고 순박한 이시카와의 사람들과 문화는 동해의 바다와 파도를 닮은 듯하다.

고급 요정이 있는 히가시차야 거리

이시카와현의 현청 소재지인 가나자와시는 인구 50만 명 정도의 작은 도시로 이시카와현의 중앙부에 위치하고 있다. 버스로 한 나절이면 충분히 돌아볼 수 있는 작은 도시지만 연간 700만 명 이상의 관광객들이 찾는 역사와 문화의 도시다.

가나자와를 방문한 관광객들이 가장 먼저 방문한 곳은 일본의 옛 정서가 그대로 남아 있는 히가시차야 거리로 에도 시대부터 전통적인 여흥과 음주를 즐기던 유흥가다.

지난 400년간 전쟁의 피해를 입지 않은 가나자와는 수백 년을 이어 온 가옥들이 그대로 남아 에도 시대로의 시간여행을 가능케 한다.

히가시차야엔 지금까지 영업을 하는 집들이 많다. 단지 둘러보는 유적이 아니라 당시의 생활을 직접 느낄 수 있는 곳이다. 가나자와에서 '100년 이상 된'이라는 수식어는 일상적인 것이다.

동네 아주머니의 귀띔으로 고급 요정을 찾아갔다. 주인은 친절하게 실내를 안내해주었다. 지은 지 191년 된 건물로 낮에는 외부인이 견학할 수 있게 안을 공개하고 밤에는 처음 오신 손님은 모시지 않고 소개로 온 손님만 하루 한 그룹 받는다. 붉은 방에는 무대 형식의 도코노마가 마련되어 있어서 술자리의 흥을 돋우기 위해 게이샤가 공연을 한다. 안으로 들어갈수록 고급 손님을 위한 방이 펼쳐진다. 은은한 청색 방이 있다. 인디고블루 톤으로 꾸며진 방인데 가나자와에서는 붉은색 방보다 조금 더 고품격을 의미한다고 한다. 경호원이나 보디가드와 함께 오는 손님들을 모신다.

오늘 밤에도 게이샤들의 노랫소리가 울려퍼지겠지만 낮에는 관광객들을 위해 차와 식사를 팔고 있다. 관광객들은 요정의 독특한 분위기를 즐기러 이곳을 찾아온다.

지진이 잦은 일본에서 에도 시대 당시 일반인들은 2층집을 지을 수

1   에도 시대 게이샤들이 손님을 맞던 고급 요정
    거리인 히가시차야 거리.
2   게이샤들은 흥을 돋우는 연주를 한다.

없었지만 유흥가만은 예외였다고 한다. 그 집들이 지금까지 남아 가나자와의 관광명소가 됐다.

가나자와 21세기 미술관

가나자와는 눈과 비가 많은 도시다. 비오는 날이면 가나자와 시민들은 가나자와 21세기 미술관을 즐겨 찾는다. 미술관은 가나자와의 대표적인 관광명소. 가나자와 21세기 미술관은 이름이 풍기는 노골적인 거창함과는 반대로 차분한 분위기의 미술관이다. 벽과 내벽, 엘리베이터까지 유리로 된 미술관의 주제는 소통이다.

무료로 개방되는 이곳에서 사람들은 21세기 첨단의 현대미술을 접한다. 건물 밖 옥상에 설치된 〈구름을 재는 남자〉라는 작품을 보면서 관람객들은 각자의 상상력을 잰다. '현대미술'이라는 단어에서 느껴지는 난해함이 이 미술관엔 존재하지 않는다. 누구나 즐기고 웃고 소통하면서 미술을 친근하게 접할 뿐이다.

미술관 안으로 들어가면 유리벽 안에 설치된 작은 풀장이 있다. 투명한 유리 위로 물을 조금 채워서 풀장 밑에서 지상을 볼 수 있도록 한 〈수영장〉이라는 작품이다. 위에서 보면 지하의 관람객들이 마치 물속을 걷는 것처럼 보인다. 수영장 바깥과 아래에 있는 사람들이 서로를 흥미롭게 지켜보며 작품을 즐긴다. 〈수영장〉은 미술관에서 가장 인

가나자와의 대표적인 관광명소인 '가나자와 21세기 미술관'.

'가나자와 미술관'에서 가장 인기 있는 작품 〈수영장〉.

기 있는 작품으로 작품 전체가 건축물의 일부이기도 하다. 수영장 아래 엄마의 손짓에 아이는 신이 나고 수면을 경계로 엄마와 아이가 서로 소통한다. 아이에게 현대미술은 그저 재미있는 놀이일 뿐이다. 물속 여자친구의 손짓에 남자친구는 놀란다. 작품을 즐기는 사람들의 표정은 한결 같이 밝다. 다른 미술관과는 달리 실제로 만져보고 직접 경험해볼 수 있는 작품들이 많았다.

하얀 산들의 산, 하쿠산

이시카와현의 남쪽에는 해발 1,000미터 이상의 고산지대가 펼쳐져 있다. 그 중심에 하쿠산이 자리잡고 있다. 하쿠산은 후지산 다테야마와 더불어 일본의 3대 영산靈山 중 하나다. '하얀 신들의 산'으로 불리는 하쿠산에는 일본 전역에 있는 하쿠산 신사의 총본사로 불리는 신사가 있다. 우리에겐 그다지 유쾌하지 않은 곳이지만 일본 전역엔 8만여 개의 신사가 있다고 한다. 이 신사에서 가장 먼저 눈에 띄는 건 우리의 금줄과 비슷한 시메나와다. 시메나와가 걸린 곳은 신사에서 성역, 즉 신성한 곳이라는 뜻이다. 길게 늘어진 하얀 종이는 '시데'라고 하는데 번개를 의미하고 수술 장식은 비를 상징한다.

　기도를 올리고 있는 일본인들의 모습을 보니 신사에 대한 그들의 생각이 궁금해진다. 대부분의 일본인은 개인의 복을 빌러 신사에 온

1   2

3   4

1   일본의 3대 영산 중 하나인 하쿠산.

2   신사에서 신성한 곳을 나타내는 시메나와.

3   기도하는 사람들.

4   신사에서 의식을 치르는 모습.

다고 한다. 이 신사는 남녀의 인연을 맺어주는 신사로 유명한 곳이라 특히 결혼 적령기 여성들이 많이 찾는다.

46대째 이어지는 호시료칸

일본의 휴일에 가장 붐비는 곳은 역시 온천 지역이다. 이시카와 온천은 특히 오랜 역사로 유명하다. 1,300년 이와즈 온천의 역사와 함께한 여관, 호시료칸을 찾았다. 여관의 일본 발음인 '료칸'은 일본의 전통적인 숙박시설이다. 가장 먼저 안내받은 곳은 정원이 보이는 방이다. 우리말로 손님을 맞이하는 여종업원이 인상적이다. 718년에 개업한 호시료칸은 지금까지 단 한 번도 자리를 옮기지 않고 한 장소를 고집하고 있다. 1,300년의 세월을 견뎌온 땅과 물과 나무들은 마치 정물화를 보는 듯하다. 긴 세월 한결같이 편안한 쉼터가 돼준 방에 머무니 마음도 쉼을 얻는다.

46대째 여관을 이어오고 있는 호시 젠고로 씨는 손님이 떠나는 날이면 아직도 직접 신발을 꺼내주며 인사를 한다. 46대 1,300년을 유지한 한결같은 마음이 오늘의 호시료칸을 만든 힘이다. 손님과의 만남은 인생에 단 한 번뿐이기에 최선을 다한다는 그의 인사를 뒤로하고 호시료칸을 떠난다.

1   이와즈 온천의 역사와 함께한 호시료칸.
2   46대째 호시 젠고로 씨는 손님이 떠나는 날이
    면 직접 신발을 꺼내주며 인사를 한다.

― 영화 배경 스페셜 ―

가을 향기 속
설렘을 찾아서

지형욱

'차가운 음료수의 늪' 왓카나이

한 폭의 그림 같은 가을 풍경과 가슴 시린 파도 소리, 진한 가을의 향기에 취한다. 그곳엔 내가 잊고 있던 사랑의 흔적이 있다. 두근두근 내 마음을 설레게 했던 향기로운 추억과 추억 속에 떠오르는 아련한 그리움을 찾아나선다.

삿포로에서 열차로 5시간을 달려 일본 최북단 항구 왓카나이에 도착했다. 새벽의 바다는 가슴 시린 차가움을 느끼게 한다. 왓카나이는 일본 홋카이도 원주민어인 아이누어로 '차가운 음료수의 늪'을 의미하는 '얌 왓카나이'에서 유래한 지명이다. 이곳에는 일본 최북단을 표시하는 기념비가 있다. 북위 45도 31분 22초, 러시아 사할린까진 불과 43킬로미터로 서울에서 인천 거리쯤이다. 왓카나이는 오호츠크해에서 불어 오는 강풍 때문에 '바람의 도시'라는 별명을 얻을 정도로 바람이 심하게 분다. 차가운 바람을 온몸으로 느끼며 일본 최북단에 왔다는 뿌듯함에 빠져든다.

기념비에서 멀지 않은 곳에 특별한 동상이 있다. 두 남녀가 무언가를 들고 있는 흥미로운 모습의 아케보노 동상이다. 홋카이도 우유 생산량 100만 톤과 젖소 50만 마리를 돌파한 기념으로 1971년에 세운 기념비다.

가까운 곳에 소가 있을 것 같다는 예감이 들었는데 정말 근처에 소들이 있다. 바다를 배경으로 넓은 초원이 펼쳐져 있고 소들이 평화롭게 풀을 뜯고 있다. 저 푸른 초원 위에 그림 같은 집, 아니 그림 같은 풍경이라는 표현이 내 눈앞에 실제로 펼쳐진 순간이다. 소들은 새벽부터 초원에 자유롭게 방목된다. 아케보노 동상을 세울 때 이 그림 같은 풍경을 만든 건 부지런한 사람들 덕분임을 말하고 싶었던 것인지도 모르겠다.

갑자기 소들이 광활한 초원을 달린다. 그런 소들의 모습에서 달콤한 자유가 느껴진다.

초원에서 갓 짠 신선한 우유를 판매하고 있었다. 청정 우유를 맛보는 것도 여행의 작은 특권이 아닐까? 한 모금 마시니 신선함이 온몸에 밀려온다. 보너스로 달콤한 아이스크림까지! 우유로 이른 아침의 상쾌함을 맛본다.

왓카나이에는 우리나라와 관련 있는 탑이 있다. 기도의 탑이라 이름 붙은 이 기념비는 1983년 소련 전투기의 KAL기 격추 사건 희생자를 추모하는 탑이다. 탑의 끝은 희생자들의 영혼이 깃든 상공을 향해 있다. 안타까운 희생자들의 영혼을 추모하는 종을 울려본다. 다시는 이런 사건이 일어나지 않기를 간절히 바란다.

우연히 바삐 움직이는 한 여행자를 만
났다. 홋카이도를 포함해 일본 전역을
여행하는 중인데 여행한 지 89일 됐다고
한다. 자전거 하나로 3,000킬로미터가
넘는 일본 전역을 여행하다니, 도전하는
젊음이 정말 아름다웠다. 그의 절반만이
라도 닮고 싶다는 생각이 스친다. 도전
하는 모습을 보고 큰 힘을 얻는다.

새벽부터 쉬지 않고 움직인 탓에 뭔가
상큼한 것이 먹고 싶어졌다. 맛집을 찾
아 음식을 맛보는 시간은 여행하는 자에
게 주어진 행복한 시간이다. 왓카나이에
서 생산한 큼지막한 조개가 풍성히 들어간 해물라면을 먹는다. 호르륵 소리
를 내며 정말 맛있게 먹었다.

왓카나이 전망대에 오르니 한눈에 바다가 내려다보인다. 저 멀리 러시아로
향하는 배도 보인다.

배를 타고 멀리 떠나고 싶은 충동을 느낀다. 갑자기 바람이 강력해지고 파
도가 높아지기 시작한다. 가슴까지 시려오는 황량한 바다가 느껴진다. 급기야
비까지 내리기 시작한다. 아마 그래서 차가운 음료수의 늪, 왓카나이구나 싶
다. 왓카나이의 날씨는 종종 이처럼 급격한 변화를 보인다고 한다. 일본 최북
단에서 다양한 경험을 한 풍요로운 하루였다.

영화 〈러브레터〉 촬영지 다이세쓰야마 국립공원

왓카나이역은 약 3,000킬로미터에 이르는 일본 철도 최북단역이다. 왓카나이역에서 도쿄까지 거리도 1,500킬로미터가 넘는다. 여행자들은 바쁘게 최북단역을 기념하는 사진을 찍는다. 이제 일본 전역을 기차로 여행하는 긴 여정을 시작한다. 차창 밖으로 보이는 홋카이도의 가을은 아름답고 평화롭다. 꿈결처럼 아름다운 풍경과의 만남을 생각하니 괜히 마음이 설렌다.

왓카나이에서 약 250킬로미터에 있는 일본 최대 코스모스 공원 엔가루 공원을 방문한다. 엔가루는 홋카이도 원주민어 아이누어로 '전망이 좋은 곳'이

라는 뜻을 가진 인가르시아에서 유래한 지명이다. 이름처럼 전망 좋은 곳에 아름다운 코스모스가 진한 가을향기를 뿜어내고 있다. 공원에는 영어 '엘'자형 틀에 매달린 사랑의 종이 있다. 종을 울리면 사랑이 이루어진다는 뜻을 지니고 있다.

다음 방문지는 다이세쓰야마大雪山 국립공원이다. 공원 전체가 가을 단풍으로 빨갛게 물들어 있다. 다이세쓰야마는 산 하나를 지칭하는 것이 아니라 국립공원 전체를 말한다. 이곳은 영화 이곳은 〈러

브레터〉 설경의 주요 촬영지이기도 하다. 해발 2,000미터가 넘는 봉우리를 보며 구름이 쉬어간다는 표현이 떠오른다. 소운쿄 협곡은 다이세쓰야마 국립공원에서 가장 아름다운 곳 중 하나다.

협곡을 물들인 단풍을 바라보며 가을 속으로 한없이 빠져든다. 정말 온몸이 맑아지는 느낌이 밀려온다. 이렇게나 아름다운 단풍을 주신 신에게 저절로 감사 기도를 드리게 하는 풍경이다.

경이로운 감탄은 여기서 그치지 않는다. 고무케 호수에서 바라본 석양은 정말 환상적이다.

붉게 물든 호수에 신비로운 학이 자리 잡은 평화로운 모습을 보니 천국은 이런 모습이 아닐까 싶다.

조용한 강 몬베쓰

오호츠크해의 가슴 시린 파도소리를 들으며 홋카이도 원주민어로 '조용한 강'을 뜻하는 몬베쓰 새벽 바다에 도착한다. 갑자기 항구가 분주하다. 새벽부터 밤새 먼 바다에서 잡은 물고기를 육지에 내려놓는 작업을 하고 있다.

연어는 오호츠크해 바다에서 잡히는 대표적인 물고기다. 그물에 실려오는 엄청난 양의 연어에 놀라지 않을 수 없다. 자세히 보니 연어를 양쪽으로 나눠서 뭔가 작업을 하고 있는 것 같다. 호기심에 작업을 하고 있는 어민에게 조심스럽게 이유를 물으니 깨끗하고 빛이 나는 연어와 가늘고 어두운 색의 연어를 구분하는 것이라고 한다. 분류된 연어는 신속하게 상인에게 팔린다. 신선하게 보관하는 것이 중요하기 때문이다. 곧바로 연어는 이곳의 추운 날씨 덕분에 자연 그대로 냉동 보관된다.

가을의 몬베쓰에서 부는 바람은 온몸을 시원하게 만든다. '조용한 강'이라는 이름처럼 몬베쓰는 평화롭고 조용한 분위기의 항구다. 몬베쓰의 산은 온통 붉은빛이다. 서늘한 바람과 붉게 빛나는 열매는 마음을 풍성하게 한다.

고즈넉하게 우는 까마귀의 울음소리는 신비한 감정을 불러일으킨다. 가을 햇살에 빛나는 오호츠크해는 신비로운 물결을 품은 바다다. 겨울이 되면 바다는 사람들에게 특별한 선물을 주는 생활의 터전이 된다.

오호츠크해에서 유명한 유빙 탐사선 가린코 2호를 방문했다. 길이 35미터, 넓이 7미터, 무게 150톤에 이르는 유빙선이다. 지인의 도움으로 가린코 2호 선장까지 만나는 행운을 얻었다.

선장은 친절하게 신비의 유빙을 탐사하는 가린코에 대해 설명해주고 특별히 가린코 내부도 보여줬다. 가린코에 선장과 함께한 세월이 녹아 있는 느낌이 들었다. 그에 따르면, 몬베쓰에서 조선산업에 발전한 이유는 유빙 때문이며, 가린코는 오호츠크해에서 사용하는 연구용 배로 시작했다고 한다.

겨울이 되면 오호츠크해는 온통 떠다니는 얼음으로 가득 찬다. 눈부시게 하얗고 한없이 투명한 얼음의 세계다. 떠다니는 빙하 위로 바다표범이 보인다. 빙하 밑 바닷속은 신비한 푸른 물이 가득하다. 바라보고만 있어도 온몸과 마음이 파란색으로 물들 것 같다. 이 차가운 바다에 어떻게 생명이 숨 쉬며 살아갈 수 있을까? 끝을 알 수 없는 생명력이 살아 있음을 느낀다. 유빙천사라 불리는 빛물고기는 빙하에서 스스로 빛을 낸다.

오호츠크에서 채취된 유빙은 유빙 박물관에서 영하 20도 자연 그대로 보존된다. 냉동 창고 안으로 들어가니 차가운 공기가 온몸에 퍼진다. 인공적인 얼음과는 다른 느낌이다. 자연 그대로의 날것, 참 잘 보존했다는 생각이 든다. 실제로 살아 있는 곰으로 만든 박제가 있었다. 정말 살아 있는 듯한 착각을 일으킨다. 냉동 박물관엔 다양한 생명체들이 투명한 얼음 속에 보관돼 있다. 빙하 속을 간접 체험하는 유익한 시간이다.

몬베쓰에서 잡은 해산물들은 싱싱함을 간직한 그대로 푸짐하게 먹을 수 있다. 해산물들이 불에 구워지는 모습을 보기만 해도 저절로 군침이 돈다. 특히 해물요리와 생선요리의 맛은 정말 잊을 수 없다. 지금까지 맛보았던 어떤 생선보다 튼실한 살코기의 맛을 느낄 수 있다.

몬베쓰에서 맛본 게는 '자연의 선물'이라 부를 만하다. 신선함이 입안 가득 느껴지는 맛이다. 게 안에 꽉 들어찬 살의 크기는 상상 초월로 정말 차원이 다르다고 말할 수 있다. 가슴까지 시원해지는 게살탕의 맛도 일품이다.

또 한 가지 마음을 사로잡은 음식이 있다. 바로 정확하고 재빠른 솜씨로 빚어낸 초밥이다. 보기에 좋은 초밥이 맛도 좋다는 말을 하고 싶을 정도다. 43년 초밥을 만든 요리사의 손놀림이 예사롭지 않다. 한눈에도 밥 위에 있는 회의 크기가 어마어마하게 느껴진다. 긴 세월 동안 쌓은 기술로 신선하고 다양한 초밥이 만들어진다. 정말 풍성한 초밥의 향연이다. 풍요로움을 실컷 맛보는, 잊을 수 없는 여행의 한순간이었다.

1   2
3   4

1   오호츠크해의 겨울 유빙.

2   차가운 바닷속을 바다표범이 헤엄친다.

3   떠다니는 빙하 위의 바다표범들.

4   스스로 빛을 내는 유빙천사라 불리는 물고기.

5   몬베쓰의 해산물로 만든 싱싱한 해산물구이.

6   오호츠크해의 유빙 체험관.

7   냉동 박물관의 투명한 얼음 속에 보관된 물고기들.

낭만의 도시 오타루

———

석양의 바다를 보며 기차로 300킬로미터가 넘는 거리를 이동한다. 끊임없이 이어지는 홋카이도의 아름다움에 가는 내내 시간 가는 줄 모른다. 홋카이도 도청 소재지이자 정치, 경제의 중심도시인 삿포로에 도착한다.

가장 먼저 홋카이도 도청 옛 청사를 방문한다. 진한 가을의 향기가 청사 곳곳에 스며 있다. 특히 청사의 연못은 정말 멋지게 만들어놓았다. 물속이 훤히 비칠 만큼 아주 깨끗하다. 연못에서 평화롭게 노는 오리들의 모습을 보며 무언가 가슴을 뛰게 만드는 설렘을 느낀다.

홋카이도대학은 가을을 느끼기에 가장 좋은 장소다. 교정 곳곳에서 가슴이 시릴 만큼 가을을 만끽한다. 낙엽이 흩날리는 개울가를 건너는 여학생의 모습을 보며 아련한 옛 추억을 떠올려본다. 특히 눈에 띈 건 자전거를 탄 대학생들이다. 가을 캠퍼스를 가득 메운 자전거의 행렬이 참 인상적이다.

일본 영화 〈러브레터〉의 한 장면이 떠올랐다. 아련한 첫사랑을 그렸던 영화 〈러브레터〉는 홋카이도 전역을 배경으로 촬영되었다.

영화의 첫 장면에서 주인공이 끝없이 걸었던 촬영장소를 찾아가본다. 영화에서는 눈밭이었던 텐구야마는 지금 가을 억새로 가득 차 있다. 가슴을 적시는 시원한 바람에 흔들리는 억새풀이 첫사랑에게 인사를 건네는 듯하다. 텐구야마는 〈러브레터〉의 촬영지로 유명해졌지만, 원래 오타루에 사는 사람들이 스키를 타거나 등산을 하러 많이 찾는 곳이다.

억새풀 길은 가을 소풍을 오는 사람들로 붐빈다. 익살스럽게 영화 속 유명한 대사를 건네본다. "오겐키데스카(잘 지내고 있나요)?" 또랑또랑한 목소리로 인사하는 귀여운 유치원 아이들을 보니 잊고 있던 옛 기억이 새록새록 떠오른다.

영화 〈러브레터〉의 주요 촬영지인 오타루는 삿포로에서 열차로 약 1시간 거리에 있다. 영화 속 촬영지답게 오타루는 아기자기한 아름다움이 가득한 곳이다. 오타루 운하는 운치 있는 풍경으로 유명해 오타루를 '낭만의 도시' '연인의 도시'로 만들었다. 도심 한가운데를 작은 유람선을 타고 지나는 모습은 오타루를 찾는 모든 이에게 아련한 추억을 안겨준다. 온몸이 맑아지는 깨끗한 물과 정겨움 가득한 풍경은 동화의 한 장면 같다.

밤이 되면 오타루는 더욱 아름답게 변한다. 잔잔한 물에 비친 은은한 불빛이 아름다움을 드러낸다. 밤 유람선을 타고 떠나는 운치 있는 낭만여행을 하면 잊지 못할 또 하나의 추억이 만들어진다. 추억이 새록새록 피어나는 밤이다.

아와키 해변과 하와이 훌라춤 박물관

첫사랑의 추억을 가득 안고 기차는 밤새도록 달린다. 삿포로에서 바다를 건너 일본 본토까지 들어오는 긴 여정이다. 기차는 그렇게 밤새 12시간을 달려 태평양 연안에 위치한 후쿠시마현 이와키에 도착한다. 이와키 해변이 보인다. 이와키시는 2011년 동일본 대지진의 영향을 받은 도시 중 하나다. 2011년 3월에 발생한 대지진은 리히터 규모 9.0에 달하는 강력한 지진이었다. 특히 지진 이후 발생한 초대형 쓰나미로 인해 이와키 지역을 비롯한 일본 북동부 해안은 엄청난 피해를 입었다. 이와키는 동일본 대지진에서 해일의 영향을 받아 당시 파도가 4미터를 넘었다고 한다. 도시 곳곳에서 당시의 피해를 복구하는

건설현장을 볼 수 있다. 대형 해일로 인해 피해를 입었지만 이와키시 주민들의 단결력은 더 단단해졌다.

내가 이와키에 온 이유는 시련을 이겨내는 모습을 직접 확인하고 싶어서였다. 이와키항 사람들은 예전의 모습을 찾기 위해 서로 의지하며 한마음으로 단결되어 있었다. 시련 후 서로를 생각하는 마음이 더욱 깊어지는 것이 진정한 사랑이 아닐까?

특이하게도 이곳에 하와이 훌라춤 박

물관이 있었다. 무려 50년 역사를 자랑하는 하와이 훌라 댄싱팀도 있다. 일명 '훌라걸스'라 불리는 댄싱팀은 이와키시 주민들과 희로애락을 같이한 역사를 지니고 있다. 마침 내가 간 날이 댄싱팀의 훌라 공연이 있는 날이었다. 이국적인 공연이 눈과 귀를 즐겁게 한다.

댄싱팀은 2011년 대지진 이후 한동안 활동을 할 수 없었다고 한다. 하지만 그들은 열악한 캠핑카를 타고 전국 125곳을 돌아다니며 지진의 피해를 이겨내는 마을 사람들의 모습을 생생히 전달했다. 한동안 이와키 사람들은 댄싱팀의 공연을 보면서 치유와 위안을 얻었다. 단순한 춤을 뛰어넘어 마음에서 우러나오는 진심을 전달받았기 때문일 것이다.

전망대 위 이와키의 바람은 정말 강했다. 강렬한 바람이 있기에 더 아름다운지도 모르겠다. 함께 행복해지고 싶으면 먼저 스스로 행복해질 준비가 되어야 한다는 말을 떠올린다.

영화 〈지금 만나러 갑니다〉로
유명해진 스와시

———

인생에 대해 여러 가지 생각을 하며 나가
노현 스와시에 도착한다. 나가노현은 일본
영화 〈지금 만나러 갑니다〉의 주요 촬영지
다. 특히 스와는 영화를 통해 아름다운 호
수의 도시로 유명해진 곳이다. 스와에서
처음으로 찾아간 곳은 시라카바 호수다.
시라카바의 한자 백화白樺는 가을이면 더
욱 아름다워지는 하얀 자작나무를 의미한
다. 순수한 영혼이 살아 있을 것 같은 정말
맑은 호수다. 보석같이 빛나는 물속에 생
기가 넘친다.
시라카바 호수에서 단란한 한때를 보내고
있는 오오다 씨 가족을 만났다. 청명한 가
을이 되면 가족들과 자주 찾는 곳이라고
한다. 오늘은 호수를 좀더 가까이 즐겨 보
기로 한다. 오리 배와 맑은 호수, 해맑은 아
이들의 만남, 정말 잘 어울린다. 새로운 추
억을 만들기 위해 손과 발을 바쁘게 움직

인다. 추억이란 함께하는 시간 속에서 만들어지는 것이다. 가족들의 얼굴엔 행복한 미소가 보인다.

이곳에서 나는 결혼식에 초대받는 행운을 얻었다. 신랑 신부의 모습을 보니 왠지 내가 더 설렌다. 신랑 신부에게 꽃을 한가득 뿌려주는 모습이 가을이라는 계절과 잘 어울린다. 한껏 뿌려진 새빨간 꽃잎처럼 아름답게 서로 사랑하길 빈다. 나도 진심으로 그들에게 축하의 박수를 보낸다. 사랑에 망설이는 분들에게 가슴이 시키는 일은 반드시 해야 한다고 말하고 싶다.

간헐천과 신비의 동굴

다음날 아침 일찍 스와 호수를 찾았다. 스와 호수는 마을 사람들에게 삶에 지칠 때 언제든 쉽게 찾을 수 있는 친구 같은 존재다. 나도 이곳에서 여행이 주는 여유로움을 만끽한다. 호수 바로 옆에 분화구 비슷한 커다란 구멍이 있다. 많은 사람들이 그곳 주위로 몰려든다. 어디선가 물소리가 들리면서 하얀 연기가 피어오르기 시작한다. 간헐천에서 솟아나는 연기다. 간헐천이란 화산 활동의 영향으로 뜨거운 물과 수증기, 그리고 그밖의 가스를 일정 주기로 분수처럼 분출하는 온천이다. 이곳의 간헐천은 한 시간에 한 번 약 20미터에 이르는 물줄기를 뿜어내 일본 최고의 높이를 자랑한다.

물소리가 점점 더 커지면서 연기도 더욱더 높게 피어오른다. 구멍에서 물이 뿜어져 나오더니 순식간에 간헐천이 분수처럼 하늘 높이 치솟는다. 굉장한 물보라 폭풍이다. 계속해서 엄청난 소리를 내며 폭발하는 간헐천은 쉽게 멈추

지 않고 상당 시간 계속 이어진다. 놀라운 광경을 놓치기 않기 위해 사람들은 쉴 새 없이 스와의 명물 간헐천을 사진에 담기에 바쁘다.

영화 〈지금 만나러 갑니다〉에서 신비의 굴로 묘사되었던 곳을 찾아갔다. 숲 속에 작은 동굴 하나가 있다. 동굴을 지나면 영화 속 감동을 느낄 수 있을까? 동굴 속 어둠을 지나 새로운 빛을 느끼면서 내 앞에 펼쳐진 푸르른 신세계를 감상한다. 숲속길 바스락거리는 낙엽의 숨결을 느끼며 푸르름에 홀려 하염없이 걸어본다. 끊임없이 펼쳐지는 자연과 그 틈으로 새어나오는 빛의 길이 있다. 이 길의 끝엔 과연 어떤 세상이 펼쳐질까?

영화 속 짙은 그리움을 지금 만나러 간다. 그 길의 끝엔 영화의 감동을 다시 피어나게 하는 도류 폭포가 흐르고 있다. 영화 속 그와 그녀의 이야기를 간직한 폭포는 애잔한 감동을 실어나른다. 연인 한 쌍을 만났다. 남자는 사랑은 주고 또 주어도 흘러넘쳐 더 주고 싶은 것이라고 했다. 그의 말처럼 사랑의 샘은 쓰고 또 써도 결코 메마르지 않는다.

영화 〈세상의 중심에서 사랑을 외치다〉
아지쵸 마을

끊임없이 놓인 길을 따라 이제 기차는 여행의 마지막 목적지를 향해 달려간다.

마침내 이른 곳은 시코쿠섬 다카마쓰시다. 영화 〈세상의 중심에서 사랑을 외치다〉는 한 사람의 인생에서 첫사랑이 얼마나 소중한 것인지를 보여주는 영화다. 주인공이 첫사랑을 향해 뛰고 또 뛰었던 영화 속 장소 아지쵸 마을을 찾았다. 평화로움이 느껴지는 어촌마을이다. 세상을 품은 바다와 바다를 유유히 가로지르는 배, 배를 따라 조용히 춤추는 바다의 물결이 아름답다. 눈을 감고 사랑을 그려본다.

먼 바다로 떠났던 배가 들어오고 그리움 가득한 석양을 품은 배는 긴 꼬리를 그린다. 다카마쓰의 밤은 특별하다 그리움을 가득 담은 가을비가 내린다. 이 비와 함께 가을이 떠난다 해도 지금 이 순간은 영원히 가슴속에 남을 것 같다. 영화 속 주인공들이 빗속에서 사랑을 맹세했듯이 말이다.

다음날 설레는 마음을 가득 안고 떠난다. 저 멀리 내 길을 밝혀주는 등대가 보인다. 왜 우리는 소중한 추억을 잊고 살게 되는 걸까? 미래를 바라보며 현재에 집중하다보니 과거를 잊게 되는 것이 아닐까? 가끔은 천천히 과거를 마음

에 그리며 살고 싶다. 현재도 곧 과거가 될 테니까.

배는 마침내 쇼도섬에 도착한다. 쇼도섬은 꿈의 섬이라 불리는 곳으로 잘 꾸며놓은 일본 전통 마을에 온 것 같은 기분을 느끼게 해준다. 아름다운 섬을 바라보며 이번 여행에서 만난 소중한 사람들을 떠올린다.